AF339316

LA FERME

GUIDE DU JEUNE FERMIER.

Imp de E. Guyot, rue de Pachéco, 12.

LA FERME

GUIDE DU JEUNE FERMIER.

PRINCIPES
D'AGRICULTURE ET D'ÉCONOMIE RURALE,

PAR

A. STOECKHARDT,	E. STOECKHARDT,
professeur de chimie à l'Académie agricole et forestière de Tharand.	directeur de l'Institut agronomique annexé à l'Université d'Iéna.

TRADUIT, D'APRÈS LA SIXIÈME ÉDITION ALLEMANDE,
AVEC L'AUTORISATION DES AUTEURS,

PAR

CH. AUGUSTIN,

Ancien professeur à l'Institut agricole de Saint-Nicolas (Province Rhénane).

TOME SECOND.

BRUXELLES,

LIBRAIRIE AGRICOLE D'ÉMILE TARLIER,
Montagne de l'Oratoire, 5.

LA FERME.

DIRECTION DE L'EXPLOITATION.

Une bonne organisation ne suffit pas pour tirer du bénéfice d'un domaine ; il faut encore qu'une bonne exécution du plan, une *bonne direction* couronne l'œuvre. L'organisation et la direction doivent être en harmonie, se compléter et se soutenir réciproquement si l'on veut que l'entreprise produise de bons résulats. Pour l'organisation, le fermier a surtout besoin de connaissances théoriques, scientifiques, tandis que, dans la direction, il faut qu'il fasse particulièrement preuve de connaissances pratiques, d'expérience acquise, de savoir-faire et d'habileté manuelle.

Il est donc facile de comprendre que le *savoir* et le *pouvoir* du fermier et des autres membres dirigeants doivent avoir une influence décisive sur la direction et la marche de l'entreprise. Aux §§ 57 et 59 nous avons parlé des rapports qui doivent exister entre les divers membres de la direction. Les devoirs généraux qui incombent au fermier en sa qualité de directeur comprennent la conservation des parties constituantes et des moyens auxiliaires de l'exploitation, l'exercice et, au besoin, la défense des droits qu'il tient du propriétaire, la surveillance de la ferme et des champs, la conduite morale et l'hygiène de tous ceux qui sont placés directement ou indirectement sous son autorité.

En traitant du fermage en général et de l'organisation du ménage, nous avons donné les indications nécessaires pour l'accomplissement de ces devoirs généraux. — Il est clair que plus le fermier traitera la ferme et ses dépendances comme si elles lui appartenaient en propre, mieux il remplira les devoirs qu'il a contractés envers le bailleur relativement aux objets affermés.

A la suite de ces devoirs généraux de l'administrateur viennent se ranger les devoirs spéciaux, tels que la fixation et la surveillance des travaux, la conduite des opérations commerciales, et la tenue des livres dont les résultats servent de base au calcul du revenu.

Il va de soi que les travaux ne doivent être ordonnés qu'après un mûr examen de toutes les circonstances ; mais ils doivent toujours être indiqués à temps, d'une manière précise et claire ; *en peu de mots,* s'ils sont familiers aux ouvriers ; *avec des explications suffisantes,* s'ils leur sont inconnus. De même, le commencement, la continuation et l'achèvement des travaux, leur bonne exécution, la quantité faite chaque jour, tout cela doit être l'objet d'une surveillance sévère. Il n'est pas moins évident que la valeur utile des produits, leur valeur en argent, dépend principalement des ventes et des achats faits dans des conditions avantageuses ; enfin, qu'une bonne comptabilité peut seule conserver l'ordre dans l'exploitation et fournir des renseignements positifs, certains sur le résultat définitif, sur le revenu net de l'entreprise.

Mais toutes ces choses étant plus pratiques que théoriques, doivent nécessairement s'apprendre par l'exercice, par la pratique; les conseils et les instructions que les livres contiennent à cet égard ne suffisent pas pour faire un bon praticien. Cependant, les nombres relatifs à la pratique agricole, qui représentent des faits d'expérience générale, peuvent avoir une grande valeur dans leur application à l'administration d'une exploitation particulière, et cette valeur sera d'autant plus grande que le fermier aura moins d'expérience personnelle. C'est pourquoi nous traiterons, dans les §§ suivants, de ces nombres et de leur application.

DIRECTION ET SURVEILLANCE DES TRAVAUX DE CULTURE.

§ 66. Travail journalier d'une charrue.

La surface de terre labourée en un jour varie selon la nature du sol, selon l'état mécanique et physique actuel, s'il est difficile ou facile, sec ou humide, selon la longueur, la position et l'état de culture du champ et son éloignement de la ferme, selon la longueur des jours et selon le temps qu'il fait; selon la construction et la conduite plus ou moins parfaites de la charrue; enfin selon la largeur et la profondeur de la raie. Nous n'avons pas besoin de faire remarquer que toutes ces circonstances influent à peu près de la même manière

sur les travaux exécutés par les autres instruments ara-
toires.

En règle générale, on attelle à une charrue 2 chevaux
ou 2 bœufs ; si la terre est consistante, compacte, et la
charrue mauvaise, on attelle trois ou quatre bêtes. Quand
le sol est léger, le labour superficiel, peu profond, les
petits cultivateurs n'attellent qu'un animal.

2 chevaux labourent, en une journée de long. moyenne, 26 à 65 ares.
2 bœufs non relayés. . . . . 19 à 45 —
2 bœufs relayés . . . . 30 à 65 —

Travail selon les saisons :

2 chevaux labourent, au mois de mars . . . . 50 ares.
   —   d'avril jusqu'à la moisson . . 65 —
   —   de septembre . . . . 65 —
   —   d'octobre. . . . . 50 —
   —   de novembre et décembre . . 44 —

Travail de 2 chevaux selon la largeur de la raie.

Avec une largeur de 0m,13,   20 à 38 ares. ⎫
   —   0,m15,   25 à 45 — ⎪
   —   0m,18,   30 à 55 — ⎬ Mais seulement dans
   —   0m,21,   37 à 65 — ⎪ un sol meuble et
   —   0m,23,   43 à 75 — ⎪ bien cultivé.
   —   0m,26,   48 à 83 — ⎭

Avec une largeur de 0m,23, ils parcourent une longueur
de 25,652 mètres (sans les tournées) et labourent
$(25{,}652 \times 0.23) = 59$ ares.

Deux chevaux attelés à un arau ou croc labourent
10 à 12 p. c. de plus dans les mêmes circonstances.

En effectuant le remuage (troisième façon des jachères)

avec un arau, et *en travers* d'ados fortement bombés, il faut compter 6 à 8 p. c. de moins.

Quatre chevaux attelés à une charrue sous-sol, à la suite d'une charrue ordinaire, défoncent 25 à 38 ares.

§ 67. Travail journalier de l'extirpateur, du butteur et des autres instruments analogues.

1 cheval bine avec la houe, les lignes étant distantes de 0m,47 à 0m,78, 75 à 100 ares.

1 cheval enfouit, au moyen de la charrue à trois socs, semailles sous raies, 1 hectare 12 ares.

2 chevaux attelés à un extirpateur à 5 pieds sarclent 1,00 à 1,50 hect.

2   —   7 ou 9 pieds, —   1,50 à 2,50   —

2   —   11 à 13 pieds, —   2,50 à 4,00   —

1 cheval attelé à un rayonneur à 5 pieds, sillonne.   2,75   —

1   —   râteau, ramasse les céréales ou le foin de 3,00   —

§ 68. Travail journalier de la herse, de la rabattoire et du rouleau.

	Hectares.
2 chevaux hersent (un trait), attelés chacun à une herse.	3,00 à 4,00
2 — — à une herse lourde.	2,00 à 3,00
2 — (2 traits), en croix ou en travers, en rond, selon l'ameublissement et la netteté du sol. . .	1,50 à 2,00
2 chevaux attelés à la rabattoire de Brabant opèrent l'émottage de.	2,50 à 3,00
1 cheval bine avec le cultivateur, les entre-lignes de pommes de terre de	1,00 à 2,00
2 chevaux attelés à un rouleau de 2,5 de long, roulent .	4,50 à 5,00
1 cheval attelé à un rouleau de 1m,5 a 1m,9, roule . . .	3,00 à 3,75
2 chevaux attelés à un rouleau à dents ou à pointes . .	3,00 à 4,00
3 chevaux attelés à un brise-mottes à dents	2,50 à 3,00

Pour tous ces travaux, on a admis une distance de 1000 mèt. de la ferme. Pour chaque distance de 400 mèt. en plus, l'attelage fait 20 p. c. de travaux en moins.

1.

REMARQUE. Hersage (avec la herse Valcourt) : sur un sol léger, 2 hect.; pour semaille 1,5 hectare; sur un sol argileux, 1,25 hectare; sur un sol moyen, 2 hectares; léger, 3 hectares. Répété deux fois : 1,5 hectare; répété trois fois : 0,8 hectare ; répété quatre fois : 0,6 hectare.

§ 69. Évaluation des divers charrois qui se présentent dans une ferme.

Dans l'Allemagne septentrionale, on se sert principalement de voitures à 4 roues, attelées de 1, 2 et même de 4 chevaux, selon les charges. Ces chariots sont plus ou moins légers, selon leur destination. — Le tombereau, déjà assez répandu dans l'Allemagne méridionale, ne sert dans le Nord que pour le transport des terres. — On sait que 4 chevaux attelés à 4 tombereaux tirent une charge aussi lourde que 8 chevaux attelés ensemble à un grand chariot.

L'usage du tombereau et de la charrette présente encore les avantages suivants : la surveillance et la conduite de l'attelage sont plus faciles ; chaque cheval tire selon ses forces, la construction du tombereau est simple, peu coûteuse ; on peut le rendre aussi solide qu'on veut ; il occasionne moins de frottement que la voiture dont les roues sont moins hautes ; avec son emploi, il y a moins d'accidents à craindre, ou au moins ils sont plus faciles à réparer ; il détériore moins les chemins ; le déchargement en est plus facile, à cause du mouvement de bascule dont il est susceptible.

Avantages du chariot : le chargement en est plus facile et plus avantageux ; il permet l'emploi de chevaux plus légers, il les ménage davantage, surtout à la descente des côtes ; à nombre égal de chevaux, il faut moins de conducteurs ; la charge étant répartie sur 4 roues, on ne s'embourbe pas aussi facilement ; l'enrayement en est plus facile; avec une charge volumineuse et élevée, on verse moins vite; à la rentrée des récoltes, il fait, toute proportion gardée, plus d'ouvrage quand pour 6 chevaux l'on emploie 3 voitures qui se relayent successivement.

La quantité des charrois qu'on peut faire journellement dépend de la force des bêtes de trait, de leur espèce (chevaux, bœufs), des charges, des distances, de l'état des chemins, du nombre des véhicules dont on dispose, et d'une foule d'autres circonstances.

Transport du fumier et des récoltes.

1 attelage de 2 chevaux, avec des voitures de rechange,
   fait à la distance de 1 kilomètre et moins . . . . . 10 à 12 voyages.
1 attelage   —   2   —   . . . . 7 à 9   —
    —   —   de plus de 2 kilomètres . . . . 4 à 6   —

Voyages aux marchés, etc.

A une distance de 8 kilomètres, par jour . . 2 voyages.
    —   15 à 24   —   . . 1 voyage.
    —   25 à 40 kilomèt., en 2 jours. 1   —
    —   42 à 56   —   3 jours. 1   —
    —   60 à 80   —   4 jours. 1   —

Moyenne générale des charges, selon la force des animaux et l'état des chemins.

1 cheval ou un bœuf transportent (en supposant que les bœufs ne
   marchent pas aussi longtemps que les chevaux). 2,50 à 5 qx. mét.
2 chevaux ou 2 bœufs . . . . 7,50 à 10   —
4 chevaux ou 4 bœufs . . . . 12,50 à 15   —

Charrois spéciaux. — Transport du fumier.

On charge sur une voiture à 4 chevaux 0,90 à 1,20 mèt. cube de fumier

bien décomposé, pesant 900 kilog. le mèt. cube, ainsi en nombres
ronds . . . . 9 à 11   qx. métr.
Ou bien : 1,42 mèt. cube de fumier pailleux, pesant 775 kilog. le mètre cube. . . . . . . »   11   —
Sur un chariot à 2 chevaux, ayant les 2/3 de la
charge précédente, en volume et en poids, en
moyenne . . . . 6 à 7 1/2 —

2 voitures de fumier à 4 chevaux valent donc 3 voitures
à 2 chevaux, et si l'on compte 30,000 kilog. par hectare,
cela fait 30 voitures à 4 chevaux (et à 10 quint.) ou 45 voitures à 2 chevaux (et à 6 2/3 quint.).

Transport des moissons.

Sur une voiture à 4 chevaux, 15 qx. mét., rarement 17,50 qx. métr.
      —   2   —   10   —   12,50   —

Mais le poids moyen d'une récolte de blé est de 18 quint.
en grains et de 36 quint. en paille, par hectare; d'une récolte de seigle, 16 quint. de grains et 33 quint. de paille;
d'orge, 14 quint. de grains et 22 quint. de paille, et
d'avoine, 9 quint. de grains et 14 de paille.

L'hectare de céréales d'hiver donne donc 3 voitures à 4 chevaux.
     —   d'orge   —   2 fortes voitures à 4 chevaux.
     —   d'avoine   —   2 voitures à 2 chevaux.

Transport du foin et du trèfle.

1 hectare de pré ou de trèfle donne en moyenne :

     20 qx. mét. de foin ou   2 voitures à 2 chevaux.
     10   —   de regain ou   1 voiture.
     50   —   de foin de trèfle ou 5 voitures.
     200 à 250 qx. mét. de trèfle vert ou 16 à 20 voitures.

Transport du grain et du bois (on suppose qu'il faut passer en partie sur des chemins de traverse non empierrés.)

Voiture à 4 chevaux, 20 à 22 hect. de blé ou de seigle.   18qx mét.
   —   16 à 20   —   de pois, vesces. . 15 à 18 —
   —   22 à 26   —   d'orge . . . . .15 à 16 —
   —   26 à 33   —   d'avoine. . . .12 à 15 —
Voiture à 2 chevaux, les 2/3 des charges précédentes,
   en moyenne . . . . » 10 —
4 stères ou mètres cubes de bois (pesant 450 à 500 kilog.
   le stère) pèsent . . . . .18 à 20 —
      (Voir les §§ 27 et 31.)

§ 70. Compte des travaux de culture et des attelages nécessaires pour une petite ferme, contenant 30 hectares de terres arables, et 3 hectares 75 centiares de prairies ; on suppose qu'elle est soumise à l'assolement triennal amélioré.

Les cultures sont : 10 hectares de céréales d'hiver, 10 hectares de céréales d'été, 6,25 hectares de trèfle, choux, pommes de terre, pois et vesces ; 3,25 hectares sont en jachère. Les travaux exigent l'emploi de 2 bons chevaux et s'exécutent à peu près dans l'ordre suivant :

Période de printemps. De la mi-mars à la fin de mai.
64 jours de travail.

                                       Journées

Hectares.   d'attelage.
  1,25 de pois et vesces sur jachère ; le fumier y a été trans-
      porté en hiver ; semis sur un seul labour ; semence
      enfouie avec la herse ; on laboure journellement
      37 ares 50 avec une charrue à 2 chevaux, cela fait . 3 1/2
  2,50 de choux, pommes de terre, betteraves, etc., dans la sole
      de la jachère ; la moitié a été fumée et labourée en
      automne ; l'autre moitié a été fumée immédiatement
      avant l'ensemencement, le tout a été labouré deux

                        A reporter. . . . 3 1/2

	Journées d'attelage.
Hectares.	
Report. . . .	3 1/2

fois au printemps. Un des labours a été remplacé en
partie par le hersage, roulage, etc., 37 ares 50 à
43 ares 70 par jour 15

1,25 ou la 1/2 de la surface précédente à fumer avec 40 voitures à 2 chevaux par hectare 5

5,00 pour orge, premier labour et hersage 10

5,00 pour orge, labour précédant les semailles, enfouissage
de la semence et roulage 10

5,00 d'avoine à préparer et à ensemencer, par jour 1/2 hectare 10

Total. . . . 53 1/2

Restent donc 64 — 53 1/2 = 10 1/2 journées de printemps disponibles pour d'autres travaux.

*Période d'été. Du 1ᵉʳ juin jusqu'à la fin d'août; 78 jours
de travail.*

Hectares.   **Journées.**

3,75 jachère à fumer; 40 voitures à 2 chevaux 15

3,75 de foin de prairie à rentrer, 10 voitures, 5 par jour. . 2

2,50 de trèfle à récolter, dont 3 voitures de foin, et 22 voitures en vert 6 1/2

3,75 de jachère, 3 labours et 3 hersages; 0,5 hectare par
jour 22 1/2

2,50 de pommes de terre, betteraves, choux pommés, etc.,
2 buttages et binages 8

10,00 céréales d'hiver à rentrer, 10 voitures par jour, 55 voit. 5 1/2

10,00   —   d'été   —   40 — 4

1,25 Chaumes de pois et vesces à rompre, 0,50 h. par jour. 2 1/2

Total. . . . 66

Il reste donc 78 — 66 = 12 jours. qu'on peut consacrer à d'autres
travaux.

*Période d'automne. Du 1ᵉʳ septembre au 1ᵉʳ décembre ;
environ 78 jours de travail.*

		Journées d'attelage.
Hectares.		
5,00	Regain de prairie et de trèfle (2ᵉ coupe) à rentrer. .	2
10,00	Façons préparatoires pour les semailles, 0,5 hect. par jour	20
2,50	Plantes sarclées à arracher à la charrue, 0,5 hect. par jour.	5
2,50	Plantes sarclées à rentrer, 300 qx métr. par hectare, 12,50 qx mét. par charge ou $\frac{300}{12,50} = 24$ voitures par hect., en tout 60 voitures, 10 par jour.	6
20,00	A déchaumer, sans hersage, par jour 0,62 hect. . .	32
1,25	(ou la 1/2 du champ consacré aux plantes sarclées) à fumer, en tout 50 voitures ; 10 voitures par jour.	5
1,25	Labour pour enfouir le fumier, 0,5 hect. par jour. .	2 1/2
	Total. . .	72 1/2

Restent 5 1/2 journées d'attelage disponibles.

Période d'hiver. Du 1ᵉʳ décembre au 15 mars.

On compte encore 80 journées de travail au moins ; de
sorte qu'on peut encore labourer une grande surface,
transporter le fumier, conduire les denrées au marché, etc.

Remarque. Les travaux de culture d'une ferme qui a le double
d'étendue, c'est-à-dire 60 hectares, peuvent être exécutés avec la
même facilité à l'aide de 4 chevaux.

§ 71. **Évaluation des travaux de culture et des journées d'attelage
pour une ferme de 300 hectares, soumise à l'assolement triennal
amélioré, avec suppression complète de la jachère ; on y cultive un
peu de colza et beaucoup de plantes sarclées ; on a diminué un peu
les cultures céréales.**

La ferme se compose de 300 hect. de terres arables et

de 37,50 hect. de prairies. Les 300 hect. sont ainsi distribués entre les diverses cultures :

<table>
<tr><td>

87,50 hect. de céréales d'hiver ;
81,25   —   —   d'été ;
50,00   — de plantes sarclées ;
16,25   — de pois, vesces et autres
            fourrages verts ;
32,50   — de trèfle d'un an ;
16,25   — de trèfle de 2 ans ;
16,25   — de colza et navette ;
<u>   </u>
300,00 hectares.

</td><td>

Rotation ou ordre de succession des plantes :

1. Céréales d'hiver et trèfle de 2 ans ;
2. Céréales d'hiver et d'été ; colza ;
3. Plantes sarclées et céréales d'hiver ;
4. Céréales d'hiver et d'été, et plantes sarclées ;
5. Céréales d'été ;
6. Pois, vesces, etc., et plantes sarclées ;
7. Céréales d'hiver ;
8. Céréales d'été ;
9. Trèfle.

</td></tr>
</table>

16 chevaux, ou 12 chevaux et 6 bœufs (8 s'ils se relayent) suffiront à peine pour faire les travaux d'attelage.

Printemps, 64 journées.

		Journées d'attelage.
Hectares.		
16,25	Labour de semailles pour pois, vesces et plantes analogues, 8 charrues, 3 hect. par jour.	5 1/2
50,00	Plantes sarclées, 2 labours et 2 hersages, y compris le hersage des pommes de terre déjà levées, 4 hect. par jour $\left(\dfrac{2\times 50}{4}\right)$ . . . . , ...	25
8,75	A fumer après les plantes sarclées, 40 voitures à 2 chevaux par hectare, 8 attelages ou 8×10 = 80 voitures par jour.	4 1/2
31,25	Orge : 2 labours et hersage de semailles, 4 hect. par jour	16
50,00	Avoine : labour et hersage de semailles, 4 hect. par jour	12 1/2
	Total. . .	63 1/2

Une partie des travaux pour les cultures sarclées,

comptés dans la période de printemps, tombe dans la période d'été, si la culture des betteraves et des choux est assez étendue.

Été, 78 journées.

Hectares.		Journées d'attelage.
16,25	Trèfle de 2 ans; labourer et herser 3 fois pour colza, 4 hect. par jour	4
16,25	Trèfle de 2 ans ; à fumer pour colza, et	
12,50	(après la récolte des plantes sarclées) à fumer; en tout donc 28,75, ce qui fait 1,200 voitures de fumier à 2 chevaux, 80 voitures par jour (8 attelages) . . .	15
50,00	Pommes de terre, betteraves et choux pommés : binage et buttage, 16 attelages à 1 cheval, 12,5 hect. par jour . . . . , . .	4
87,50	Récolte des céréales d'hiver, 240 voyages, 4 attelages faisant chacun 10 voyages par jour	6
16,25	Pois, vesces et fourrages verts à rentrer; 60 voyages, 4 attelages par jour et 30 voitures	2
81,25	Céréales de printemps à récolter, 160 voyages, 40 par jour	4
16,25	Chaumes de pois, vesces et autres fourrages verts, à rompre ; 0,375 par charrue et par jour.	5 1/2
16,25	Chaume de colza à rompre 0,375 par charrue	5 1/2
12,50	Trèfle (coupé de bonne heure) à rompre.	4 1/2
28,00	Chaume ou éteules de blé à rompre 0,5 hect. par charrue, 8 charrues.	7
34,25	Foin de trèfle et trèfle vert à rentrer 25 voitures de foin	1 1/2
	et 200 voitures de trèfle vert, 30 à 32 voitures par jour	7
34,25	16 voitures de foin de trèfle, 2ᵉ coupe	1
	150 voitures de trèfle vert, 2ᵉ coupe, 30 par jour . . .	5
37,50	Foin de prairies, 75 voitures à 10 qx métr., 20 voitures par jour	2 1/2
	Total. . .	75 1/2

Il reste donc 2 1/2 journées.

Automne, 78 journées.

Hectares.		Journées d'attelage.
20,00	Trèfle, labour et hersage pour semailles, 8 charrues, 0,5 hect. par charrue	5
37,50	Regain à rentrer, 32 voitures	11,2
42,00	Chaume à rompre, 4 hect. par jour	10
50,00	Récolte des plantes sarclées, arrachage de 4 hect. par jour	12 1/2
50,00	Labourer de nouveau ces champs	12 1/2
50,00	Récolte des plantes sarclées à rentrer, en moyenne	

$$300\,\text{qx métr. par hect.} = \frac{300}{7,5\,\text{qx métr.}} = 24 \text{ voitures à}$$

2 chevaux, ou au total 1,200 voitures; 8 attelages (avec voitures de rechange) font 70 voyages par jour . 17 (On peut mettre une grande partie des tubercules en silos sur place, ce qui diminue de beaucoup les charrois d'automne.)

11,25	A fumer pour plantes sarclées, 360 voitures, 32 par jour.	11
11,25	Fumier à enfouir, 3 hect. par jour.	4
	Total. . .	74

Restent 4 journées disponibles.

Hiver, 80 *journées.*

Outre les charrois du blé, etc., au marché, il faut encore transporter et enfouir du fumier, et faire pour le printemps autant de travaux de culture que les circonstances météorologiques le permettent. Si l'exploitation doit faire beaucoup de charrois au dehors, il faut augmenter le bétail de trait.

§ 72. Évaluation des travaux de culture et des journées d'attelage sur un domaine de 300 hectares de terres labourables et 37 hectares 50 ares de prairies, soumis à l'assolement alternatif à huit soles (culture en enclos), avec conservation de la jachère pure.

Animaux de trait : 10 chevaux vigoureux; on peut

remplacer 2 ou 3 attelages de chevaux par 3 ou 4 attelages de bœufs.

```
1  sole  37,50 hectares en jachères.
1   —   37,50    —      en céréales d'hiver.
1   —   37,50    —      en orge.
1   —   37,50    —      en avoine.
1   —   37,50    —      en trèfle à faucher.
3   —  112,50    —      en pâturages.
________________
8 soles 300,00 hectares.
```

Travaux de culture et d'attelage :

Printemps, 64 *journées de travail.*

		Journées d'attelage.
Hectares.		
37,50	2 labours pour orge, recouvrir la semence par un hersage, 5 charrues à 0,5 hect. chacune, ou 2 5 hect. par jour	30
37,50	Façons pour semailles d'avoine, 2,5 hect. par jour . .	15
18,75	Pâturages à rompre, 1,875 hect. par jour	10
	Total. . .	55

Restent 9 journées disponibles.

Été, 78 *journées.*

37,50	Jachère, 2 labours et 2 hersages, 2,5 hect. par jour . .	30
37,50	Fumure de 40 voitures à 2 chevaux par hect.; 5 attelages et 50 voyages	30
37,50	Céréales d'hiver à rentrer, 136 voitures à 15 qx mét., 36 voit. par jour	4
37,50	Récolte de l'orge, 72 voit., 36 par jour.	2
37,50	Récolte de l'avoine, 48 voit., 36 par jour.	1 1/2
37,50	Foin de trèfle, 1ʳᵉ coupe, 20 qx mét. par hect., 24 voit. par jour.	3
37,50	Foin de prairie, 16 qx mét. par hect., 18 voit. à 10 qx mét. par jour	3 1/2
37,50	Foin de trèfle, 2ᵉ coupe, 16 qx mét. par hect. = 60 voit. à 10 qx mét., 18 voit. par jour	3 1/2
	Total. . .	77 1/2

Reste 1/2 journée.

Automne, 78 journées.

	Journées d'attelage.
Hectares.	
37,50 Labour et hersage pour semailles, 2,50 hect. par jour .	15
37,50 Regain à rentrer, 30 voitures	2
75,00 A déchaumer pour orge et avoine, 2,50 par jour . . .	30
18,75 Pâturage à défricher et à herser, 1,875 par jour . . .	10
Total. . .	57

Restent 87 — 57 = 21 journées disponibles.

Hiver, 80 journées.

Charrois de blé, de bois, etc.

§ 73. Évaluation des travaux de culture et des journées d'attelage sur un domaine de 300 hectares de terres arables et 37 hectares 50 ares de prairies. Assolement alterne, rotation de sept ans; stabulation permanente.

Le sol est une glaise sablonneuse ; la rotation suivante est adoptée :

1. Plantes sarclées, surtout des pommes de terre, betteraves, féveroles ;
2. Blé après les féveroles, et orge après les pommes de terre ;
3. Trèfle ;
4. Mélange de trèfle et de raygrass (quelquefois une partie en blé) ;
5. Céréales d'hiver (aussi du colza) ;
6. Pois, vesces et autres fourrages verts (de l'hivernage après le colza) ;
7. Céréales d'hiver (hivernage).

Animaux de trait : 16 chevaux ou bien, en partie un nombre proportionnel de bœufs.

Printemps, 64 journées.

Hectares.		Journées d'attelage.
22,500	Pommes de terre. 1er labour et hersage, 8 charrues, 4 hect. par jour	6
22,500	Pommes de terre, labour de ploutation et hersage . .	6
20,375	Féveroles, labour de semailles, hersage	5
42,875	Pois, vesces et fourrages verts, labour et semailles. .	11
22,500	Pommes de terre, hersage ou rabatage avant la sortie des fanes	1
20,375	Blé, hersage léger, ou ploutage pour recouvrir la semence de trèfle	1
20,375	Féveroles en lignes, binage avec la houe à cheval, 1,5 hect. par attelage, 8 attelages.	2
22,500	A cultiver avec l'extirpateur à 7 pieds, pour orge 2,25 hect. par jour et par attelage.	1 1/2
22,500	Orge, semailles, enfouir avec l'extirpateur, ou avec une herse lourde	1 1/2
42,875	Pois et vesces ; transport de 24 voitures de fumier par hectare	25 1/2
22,500	Hersage et roulage de l'orge	1
	Total. . .	61 1/2

Restent 2 1/2 journées pour des travaux accessoires.

Été, 78 journées.

Hectares.		Journées d'attelage.
42,875	Chaumes de pois, vesces, etc., à labourer et à herser, 4 hect. par jour	11
22,500	Pommes de terre, 2 cultures avec la houe à cheval 1,5 hect. par cheval	2
20,370	Féveroles à butter légèrement avec le buttoir, 1 cheval par instrument	6
32,875	Trèfle à rompre et à herser, 0,37 par charrue . . .	11
10,000	Trèfle à rompre, avec défonçage, la charrue est suivie d'une charrue à sous-sol, 16 chevaux, 1 hect. par jour	10
106,225	Céréales d'hiver à rentrer, 4 chevaux rentrant par jour 3 hectares.	9
	A reporter. . . .	49

2.

Hectares.		Journées d'attelage.
	Report. . . .	49
42,87	Pois et vesces à rentrer, 4 chevaux rentrant par jour 3 hectares	3 1/2
22,50	Orge à rentrer, 4 chevaux rentrant par jour 3 hect.	2
42,87	Trèfle, 1° 35 voitures de foin, 2° 200 voit. en vert, 1re coupe, par jour 30 voit.	8
37,50	Foin de prairie	4 1/2
25,00	Trèfle vert, 2e coupe, 160 voitures	5
	Total. . .	72

Restent 6 jours disponibles.

Automne, 78 journées.

Hectares.		Journées d'attelage.
17,87	Foin et semence de trèfle à rentrer, 2e coupe, 20 voitures	1
22,50	Champ de pommes de terre, labour et hersage pour orge de printemps.	6
22,50	Un labour profond pour pommes de terre au printemps, 3 hect. par jour	7
20,37	Chaumes de féveroles, à labourer pour blé	5
106,00	Céréales d'hiver, semailles avec l'extirpateur, puis hersage	9 1/2
37,50	Regain à rentrer	2
22,50	Champ de pommes de terre à fumer, 720 voitures . .	18
20,37	Chaumes de féveroles à fumer, 40 voit. par hectare, 810 voitures.	20
22,50	Récolte de pommes de terre à rentrer.	8
	Total. . .	76 1/2

Hiver, 80 journées.

Charrois et travaux divers.

DÉPENSES AFFECTÉES AUX BÊTES DE TRAIT.

L'entretien des animaux de travail doit être peu coû-

·teux, si l'on veut que les travaux de culture soient lucra-
tifs. Mais pour que la nourriture soit à bon marché, il
faut qu'elle restitue aux animaux, d'une manière complète et à peu de frais, les forces qu'ils ont dépensées par
le travail. Or, ce résultat, une alimentation abondante,
riche et convenable, peut seule l'atteindre. Le § 34 traite
de cette question.

Pour calculer les dépenses des chevaux, il faut faire
entrer en ligne de compte : les fourrages consommés,
l'intérêt du prix d'achat, le dépérissement annuel, le
ferrement, les honoraires du vétérinaire, le harnachement, les soins de pansage, etc.

§ 74. Consommation annuelle d'un cheval, en avoine, foin et paille.

La ration journalière d'un cheval est de 3,50 kilog.,
valeur en foin, pour 100 kilog. de son poids vivant.

La quantité des aliments volumineux (foin et paille)
varie de 4 à 9 kilog. Sur une partie d'aliments, réduite
en substance sèche, il faut compter deux parties d'eau,
et sur sept parties d'aliments non azotés, il faut au moins
une partie d'aliments azotés.

Les grains, le foin et la paille — 1 kilog. de grains pour
4 kilog. de foin et paille — forment l'alimentation la plus
convenable pour le cheval. Dans les contrées septen-
trionales de l'Europe, l'avoine est le grain le plus propre
à cette alimentation. Le seigle, les féveroles, les vesces,
qui sont des grains *échauffants*, doivent être donnés avec
précaution, jamais seuls, mais toujours avec une addition d'avoine et de beaucoup de paille hachée. Le prix
des différentes espèces de grains, et la quantité de forces
qu'ils développent dans l'animal, décident de l'espèce de

grains qu'il faut donner de préférence. Voici leur valeur nutritive comparativement à celle de l'avoine :

1 hectolitre de blé		vaut 2,40	hectolitres d'avoine.		
1 —	de féveroles	— 2,20	—		—
1 —	de seigle	— 1,80	—		—
1 —	d'orge	— 1,40	—		—

Le seigle et d'autres grains difficiles à digérer ne sont donnés que jusqu'à concurrence de **3 à 4** kilog., valeur en avoine.

Ration moyenne du cheval (voir § 40) :

PAR JOUR.	PAR AN. Kilog.
Avoine, 5 à 6 kilog. = 10 à 12 lit. 3,650 à 4,340 litres =	1,825 à 2,190
Foin, 2,5 à 5 kilog. (rarement 2 kilog. seulement. . .	917 à 1,825
Paille hachée, 1,75 à 2,50 kilog	458 à 917
Paille litière 2 à 3,50	730 à 1,277

Si les travaux pénibles durent longtemps , il faut augmenter la proportion de ces divers fourrages ; pendant les chômages de l'hiver, on la diminue au contraire un peu. Plus les travaux se répartissent également sur toute l'année, mieux cela vaut, et plus la nourriture doit être égale toute l'année. Si l'on exige du cheval le développement de toutes ses forces, il faut d'abord qu'il les possède déjà, car ce serait en vain qu'on essayerait de lui en donner seulement dans les moments où l'on exige de lui de grands efforts. C'est donc gaspiller son fourrage que de laisser les chevaux s'amaigrir et dépérir pendant l'hiver, et de ne les nourrir passablement que quand ils travaillent.

Les chevaux de roulage reçoivent le double des rations ci-dessus.

Quand il y a pénurie de foin, on en diminue la ration

de 1,25 kilog. pendant l'hiver, et on le remplace par l'équivalent de bonne paille.

Dans l'évaluation des dépenses d'entretien, on ne tient pas toujours compte de la paille, que l'on compense alors par le fumier.

§ 75 Dépenses annuelles : 1° d'un cheval ; 2° d'un attelage de 2 chevaux ; 3° d'un attelage de 4 chevaux.

	FRANCS.
5 p. c. d'intérêt du prix d'achat d'un cheval de 300 francs .	15 00
Usure de l'animal, risques pour les accidents, 10 p. c. par an.	30 00
Ferrure	15 00
Vétérinaire, médicaments, sel	5 50
Loyer et amortissement de l'écurie	15 00
Éclairage de l'écurie	2 00
Fourrages et litière (si l'on ne compense pas tout de suite la paille par le fumier)	
Avoine, 36 litres à 6 francs.	210 00
Foin, 1,825 kilog. à 5 francs les 100 kilog..	91 25
Paille, 1,825 kilog à fr. 2-50 les 100 kilog.	45 62
Total. . .	429 37
A déduire 10 chars de fumier à 750 kilog = 75 qx. m. à fr. 0-75 =	56,25
Restent. . .	373 12

2 chevaux coûteront donc pour leur entretien complet (excepté le valet) 700 à 750 francs ; 4 chevaux, environ 1,400 à 1,500 francs.

Il est évident que ces dépenses varient selon le prix d'achat des chevaux et selon le prix des fourrages.

§ 76. Dépenses pour instruments de culture, harnais des chevaux et autres accessoires pour un attelage de 4 chevaux.

	FRANCS.
2 chariots, dont 1 de rechange, pour le transport du fumier et des récoltes, avec équipages complets	520
2 charrues à 45 francs l'une	90
A reporter. . . .	610

	Francs.
Report. . . .	610
1 arau ou charrue à croc	26
2 paires de herses à 26 francs la paire.	52
2 butteurs à 30 francs l'un	60
2 houes à cheval ou cultivateurs, à 22 francs.	44
1 rouleau	37
4 harnais, à fr. 56-50 chacun	226
1 hache-paille, coffre à avoine, étrilles, brosses, fourches,etc.	37
Graisse de voiture.	30
Total. . .	1,122

§ 77. Dépenses totales pour un attelage de 4 chevaux respectivement pour 2 chevaux), y compris les frais pour les valets.

1. Frais annuels de 4 chevaux, pour fourrages, soins, intérêts du prix d'achat, intérêts pour l'usure, après la déduction de la valeur du fumier produit (§ 75). . 1,440 francs.
2. 25 p. c. pour intérêts et usure du capital mobilier (agricole), qui (d'après le § 76) est de 1,120 francs (en nombre rond) . . . . 280 —
3. Gages et nourriture du valet. . . . . 375 —
4. Salaire pour garçon de charrue, quand on dédouble l'attelage. . . . . 110 —

Total. . . 2,205 francs.

Soit, en chiffres ronds, 2,200 francs.

Pour un attelage de 2 chevaux, le résultat sera relativement plus fort, parce qu'il faut 1 valet pour chaque attelage ; seulement les gages seront moins élevés.

	FRANCS.
Dépense pour le fourrage et les soins des 2 chevaux . . .	720
25 p. c., pour intérêts et usure du capital mobilier, qui est de $\frac{1,120}{2}$ = 560 francs, donc $560 \times \frac{25}{100}$ = ...	140
Salaire et nourriture du valet.	340
Total pour l'attelage de 2 chevaux. . .	1,200

§ 78. Dépense pour une journée de travail : 1° d'un attelage de 4 chevaux ; 2° d'un attelage de 2 chevaux.

JOURNÉES de TRAVAIL par an.	PRIX D'UNE JOURNÉE			
	pour un attelage de 4 chevaux.		pour un attelage de 2 chevaux.	
	Pour les 4 chevaux.	Par cheval.	Pour les 2 chevaux.	Par cheval.
	FR.	FR.	FR.	FR.
300	$\frac{2,200}{300} = 7,33$	1,83	$\frac{1,200}{300} = 4,00$	2,00
280	$\frac{2,200}{280} = 7,86$	1,96	$\frac{1,200}{280} = 4,28$	2,14
260	$\frac{2,200}{260} = 8,46$	2,11	$\frac{1,200}{260} = 4,62$	2,31
250	$\frac{2,200}{260} = 8,80$	2,20	$\frac{1,200}{250} = 4,80$	2,40

Prix du labour d'un hectare ; 2 chevaux cultivent 50 ares par jour.

Journées de travail par an.	Avec un attelage de 4 chevaux (dédoublé) 1 hectare par jour.	Avec un attelage de 2 chevaux.
300	fr. 7,33	fr. 8,00
280	7,86	8,56
260	8,46	9,24
250	8,80	9,60

Frais d'un voyage (transport) en supposant qu'un attelage, soit de 4, soit de 2 chevaux, fasse 10 voyages par jour.

Journées de travail par an.	Voitures à 4 chevaux.	Voitures à 2 chevaux.
300	fr. 0,733	fr. 0,400
280	0,786	0,428
260	0,846	0,462
250	0,880	0,480

Les frais pour un attelage de 2 chevaux sont donc proportionnellement un peu plus élevés que pour 4 chevaux; mais si l'on réfléchit qu'ordinairement pour les charrois agricoles un attelage de 2 chevaux fait les 2/3 de la besogne d'un attelage de 4 chevaux; que, de plus, l'emploi des attelages à 2 chevaux est plus facile, et que l'activité que développent 2 valets avec 2 attelages est plus grande, on trouvera que tous ces avantages compensent suffisamment, dans les exploitations à culture intensive, le surcroît de frais occasionné par un attelage de 2 chevaux.

§ 79. Dépenses d'entretien des bœufs.

Le prix d'achat des bœufs est, dans la plupart des contrées, moins élevé que celui des chevaux, et de plus, leur entretien est aussi moins coûteux, si l'on admet qu'un bœuf fait autant de travail qu'un cheval. Cependant l'égalité des dépenses se rétablit, quand on admet qu'il faut 3 bœufs pour faire le travail de 2 chevaux, ou qu'un bœuf très-fort ne vaut qu'un cheval de force moyenne. D'ailleurs, les bœufs de trait présentent encore les avantages suivants : pour beaucoup de travaux, ils font autant de besogne que les chevaux; ils sont plus robustes, ils sont exposés à moins de maladies, et, en cas d'accident, ils peuvent encore être utilisés pour la boucherie. On ne les ferre que dans les localités pierreuses; leur harnachement est moins coûteux; ils produisent plus de fumier que les chevaux, et ce fumier convient à tous les sols; enfin, ils profitent dès qu'ils ne travaillent pas, et aussitôt qu'ils sont un peu en chair, on peut les vendre avec avantage, et les remplacer par d'autres. Du reste, nous avons déjà dit (§ 21) que les bœufs employés au travail d'une manière rationnelle, ne perdent rien ou au moins fort peu de chose de leur aptitude à l'engraissement.

Le rationnement des bœufs varie selon le travail qu'on en exige et selon qu'on les soumet à la stabulation mixte, ou au régime du pâturage.

Du foin avec une addition de balles de céréales et autres déchets, des racines, avec un supplément de grains concassés et de tourteaux, sont, pour le régime d'hiver, la nourriture la plus convenable pour le bœuf de trait, et pour le régime d'été, du trèfle et d'autres fourrages verts, avec addition de paille et de foin.

La ration du bœuf de travail est de 3 à 3 kilog. 50, valeur en foin, pour 100 kilog. de son poids.

Un bœuf exige par jour une ration de 5 à 10 kilog. de fourrages volumineux (foin, paille, balles); sur 1 partie de fourrage *à l'état complétement sec*, on compte 4 parties d'eau (il ingère en boisson toute l'eau qui manque à cette proportion dans les fourrages), et, comme pour le cheval, sur 7 parties d'aliments non azotés, il faut au moins 1 partie azotée.

La ration moyenne par jour a déjà été donnée au § 40.

§ 80. Dépenses annuelles pour l'entretien d'une paire de bœufs.

	FRANCS
Intérêts du capital d'achat (en moyenne 450 francs), plus usure et risques, 7 1/2 p. c = ...	33,75
Foin : 6 kilog. par jour et par tête, ce qui fait pour la paire et pour 260 jours (régime d'hiver) 260 × 6 × 2 = 3,120 kilog. à 5 francs les 100 kilog. = ...	156,00
Paille pour litière, 6 kilog. par jour, donc 3,120 kilog. à fr. 2-50	78,00
A reporter. . . .	267,75

Report. . . .	267,75
Pommes de terre, 6 kilog. par jour, donc 3,120 kilog. à fr. 3-75	117,00
Seigle moulu, 0,5 kilog. par tête, donc par paire et pour 260 jours 260 kilog. = 3,71 hect. à fr. 13-14 l'hectol. . .	48,75
Tourteau : 0,375 kilog. par tête, donc 195 kilog. à fr. 7,50 les 100 kilog.	14,62
Trèfle vert : 55 kilog. par tête et par jour, pendant 105 jours (régime d'été) = 11,550 kilog. à fr. 1-25 les 100 kilog. . .	144,37
Paille fourragère : 3 kilog. par jour et par tête, pendant 105 jours = 630 kilog. à fr. 2-50 le quintal	15,75
Paille litière : 3 kilog. par jour et par tête, pour 365 jours = 2,190 kilog. à fr. 2,25.	54,75
Sel : En 365 jours 5 kilog. à 0,25	1,25
Istruments et harnachement, valant 190 fr., dont 30 p. c. pour intérêts et usure	57,00
Loyer de l'étable, fr. 11-25 par tête	22,50
Luminaire, vétérinaire, médicaments.	15,00
Salaire et nourriture du bouvier, déduction faite de 100 journées qu'il peut consacrer à d'autres travaux.	225,00
Total. . .	983,74
Dont il faut déduire 200 quintaux de fumier à fr. 0-65 le quintal (on a tenu compte de la quantité perdue sur les chemins, etc.) = fr. 1 30.	130,00
Dépense totale pour 2 bœufs. . .	853,74

Pour 230 journées de travail, la journée revient donc à $\dfrac{853,74}{230}$ = fr. 3-71 par paire, et à fr. 1-85 par tête.

En tenant deux paires l'entretien sera relativement un peu moins cher, parce qu'un bouvier suffit pour les soigner ; pendant le travail, on charge un journalier de la conduite d'une paire ; de plus, quand les circonstances sont favorables à l'engraissement pendant l'hiver, le prix de la journée de travail peut diminuer de 0,12 à 0,15ᶜ. Là au contraire où le prix d'acquisition et les fourrages sont plus chers, leur entretien est naturellement aussi plus coûteux.

DIRECTION ET SURVEILLANCE DES OUVRIERS AGRICOLES. — MAIN-D'ŒUVRE.

L'emploi judicieux, l'utilisation complète des forces humaines dont le fermier peut disposer pour exécuter ses travaux, exercent une grande influence sur le bénéfice net de son exploitation, tandis qu'une direction nonchalante, une surveillance négligente, augmentent singulièrement les faux frais.

Il faut d'abord une grande économie à cet égard. Mais qu'on n'aille pas supposer que cette économie consiste à payer de petits salaires, car, s'il en était ainsi, les gens de travail feraient bientôt défaut, ou bien ils feraient mal leur besogne. Cette sage économie consiste, au contraire, dans l'exactitude des payements et dans un bon salaire, proportionné à l'ouvrage exécuté ; ensuite, dans une surveillance rigoureuse pendant l'exécution des travaux, afin de s'assurer si on les fait *bien, à temps* et *en quantité suffisante;* dans la sage répartition des divers travaux, en temps opportun, selon les forces et les aptitudes des ouvriers, et de manière que les travaux se suivent régulièrement ou s'agencent sans se gêner mutuellement. Il n'est donc pas le plus économe le fermier qui a dépensé, dans le courant de l'année, le moins en frais de main-d'œuvre, mais bien celui qui, dans les mêmes circonstances, a créé le plus de produits avec l'argent dépensé, et en a tiré le plus haut intérêt. — De même qu'il faut se garder de la fausse économie, de même il faut éviter les fausses spéculations, comme par exemple celle qui consiste à enlever, dans les moments de presse, les domestiques et les journaliers aux voisins, en leur donnant un salaire plus élevé et dépassant la valeur des travaux à exécuter. Augmenter les salaires pour des causes accidentelles, passagères et non générales, c'est réduire le bénéfice net avec autant d'évidence et de certitude que le ferait une diminution de salaire intempestive et non justifiée.

§ 81. Nombre des gens de travail, journaliers et tâcherons, nécessaire dans une exploitation, outre les domestiques.

Ce nombre dépend du climat, de la situation, de la nature du sol, du système de culture, de la force des ouvriers et de la quantité de domestiques engagés pour l'année entière. C'est le système des pacages qui exige le moins de travailleurs; la culture céréale en demande davantage, surtout pendant la moisson; aussi s'assure-t-on quelquefois le concours des ouvriers nécessaires pendant la moisson, en les occupant toute l'année, en hiver, au battage des grains, en été, à des travaux accessoires, même au risque de payer ces ouvrages extrêmement cher, ce qui augmente de beaucoup le prix moyen des journées. C'est la culture intensive, avec la stabulation permanente et avec beaucoup de plantes sarclées et commerciales, qui exige le plus de main-d'œuvre. Mais avec le système intensif, on a l'avantage de pouvoir répartir les ouvrages plus également sur tous les mois de l'année; les travaux ne s'accumulent plus, et, par conséquent, on n'a plus besoin d'engager momentanément un nombre considérable d'ouvriers supplémentaires, ni de payer des salaires exagérés. Le nombre des ouvriers n'est donc pas plus grand, en moyenne, que dans les autres systèmes, mais en revanche ils sont constamment, toute l'année, occupés à des travaux fatigants, pénibles; aussi les exploitations qui cultivent beaucoup de plantes sarclées et de plantes commerciales doivent-elles payer souvent des salaires plus forts que celles où dominent les cultures céréales.

En moyenne générale, on compte, pour 25 hectares :

1. *Assolement alternatif* (pastoral) simple : 3 journaliers des deux sexes et 1 domestique, en tout 4 individus ;
2. *Assolement triennal* : 3 1/2 à 5 journaliers; 1 1/2 à 2 domestiques, en tout 5 à 7 personnes ;
3. *Assolement triennal amélioré, et assolement alterne* : 4 1/2 à 7 journaliers; 2 1/2 à 3 1/2 domestiques, en tout 7 à 10 1/2 individus ;
4. *Culture intensive extraordinaire* : 7 à 10 journaliers; 3 1/2 à 5 domestiques, en tout 10 1/2 à 15 individus.

De nos jours, il paraît de plus en plus avantageux de remplacer une partie des domestiques par des ouvriers à la tâche. — Une famille de journaliers compte, en moyenne, 2 1/2 à 3 personnes capables de travailler.

§ 82. Quantité de travail que l'on peut obtenir des ouvriers agricoles.

Travail exécuté en une journée de 10 à 12 heures.

1. Semailles et plantations.

a). *Semis à la main (à la volée, avec une ou deux mains).*

	Hectares.	Frais par hectare.
1 semeur jette dans 1 minute 30 poignées ; or l'hectolitre contenant à peu près 1,100 poignées (11 par litre), on peut semer 1 hectolitre en 37 minutes ; mais tant de circonstances retardent le travail, qu'on admet seulement les données suivantes : 1 semeur sème par jour 10 hectol. de grains d'hiver et 15 hectol. de céréales d'été	3,00 à 3,75	0,37 à 0,50

	Hectares.	Frais par hectare.
Lin, idem	3,00 à 3,75	0,37 à 0,50
Semences plus légères et plus fines (trèfle, colza)	3,75 à 4,50	0,25 à 0,73

b) *Plantation par poquets et en lignes.*

	Hectares.	Frais par hectare.
2 ou 3 femmes sèment (à la main) en lignes ou en poquets	» 0,25	6,00 à 9,00
1 personne dépose les graines de betteraves sur une surface de	0,125 à 0,187	8,00 à 12,00
1 personne trace à cette fin les lignes sur	1,50 à 2,50	0,75 à 1,25
1 personne recouvre les lignes de . . .	1,25 à 1,50	1,00 à 1,25
1 homme et 2 enfants ensemencent avec le plantoir mécanique	0,177 à 0,31	2,50 à 5,00
1 homme et 1 femme ensemencent (à la main) en poquets ou touffes	0,187 à 0,25	5,00 à 7,50

c). *Plantations de pommes de terre.*

	Hectares.	Frais par hectare.
1 1/2 à 2 femmes peuvent planter dans les sillons ou dans des trous faits avec la houe	» 0,25	3,50 à 5,00
1 femme repique (choux, betteraves, colza, etc.).	» 0,062	10,00 à 15,00

2. TRAVAUX DE CULTURE.

	Hectares.	Frais par hectare.
6 à 9 femmes sarclent	» 0,25	15,00 à 18,00
5 — 6 » binent et buttent les betteraves en 2 ou 3 façons	» 0,25	15,00 à 18,00
5 — 6 » binent les pommes de terre, choux pommés et plantes analogues	» 0,25	9,00 à 15,00
3 — 5 » nettoient les plantes recouvertes de terre pendant le travail.	» 0,50	4,50 à 7,50
1 femme fait (avec le râteau) les ados ou les rabat	» 0,25	» à 3,00

3. TRAVAUX DE MOISSON ET DE RÉCOLTE.

a). *Moisson.*

	Hectares.	Frais par hectare.
1 homme confectionne par jour 1,200 liens de paille, dont la façon se paye 6 à 15 c. le cent.		
1 homme, aidé d'une femme, fauche les céréales d'hiver de	0,31 à 0,625	3,00 à 6,50

	Hectares.	Frais par hectare.	
1 homme fauche en andains, céréales d'été.	0,37 à 0,75	2,50 à 4,50	
2 à 4 femmes scient la récolte de . . .	» 0,25	6,00 à 15,00	
1 personne met en gerbes, lie, râtelle la récolte de	0,31 à 0,625	1,50 à 3,00	
3 femmes sèchent et lient les céréales en andains.	» 0.50	» 4,50	
1 personne rafle (pour glaner)	1,50 à 2,00	0 ,50 à 0,75	
1 personne râtelle et lie ce qu'elle a ramassé	» 1,00	0,60 à 0,75	
1 homme charge 8 à 10 voitures de gerbes, par voiture.	» »	Par voiture. » 0,13	
1 homme charge 4 à 6 voitures de récoltes en vrac (non liées)	» »	0,20 à 0,25	
1 homme et 1 femme déchargent et engrangent 6 à 8 voitures de récoltes liées, par voiture.	» »	0,25 à 0,30	
1 homme et 1 femme déchargent et engrangent 4 à 6 voitures de récoltes en vrac	» »	0,30 à 0,45	
1 voiture de récolte granifère de 12 à 13 quintaux coûte donc pour le chargement, déchargement et engrangement.	» »	0,37 à 0,50	
7 à 8 femmes arrachent le lin de . . .	» 0,25	0,21 à 0,21	

Toute la main-d'œuvre (dans les champs) monte, par hectare de lin, à 75 francs.

b). *Récolte du trèfle, de l'herbe, et des fourrages secs.*   Par hectare.

	Hectares.	Frais par hectare.
1 homme fauche le trèfle, l'herbe, etc., de	0,31 à 0,50	2,50 à 5,00
1 femme fane la récolte verte de . . .	0,12 à 0,25	2,50 à 6,00

c). *Récolte des plantes-racines.*

	Hectares.	Frais par hectare.
10 à 15 femmes ramassent derrière la charrue et chargent les pommes de terre de.	0,25 à 0,31	20,00 à 47,00

Souvent on paye les gens de travail d'après le nombre d'hectolitres récoltés, à raison de 0,11 à 0,20 par hectol.

	Hectares.	Frais par hectare.
6 à 9 personnes arrachent, effeuillent et chargent les betteraves, choux-raves, choux, etc	» 0,25	15,00 à 25,00

4. BATTAGE DES GRAINS.

3 hommes battent 90 à 120 gerbes de poids moyen ; si les gerbes sont petites ou si les récoltes s'égrènent facilement, ils battent 150 à 180 gerbes. Colza : 360 gerbes. Souvent on paye les batteurs en nature, avec un tantième du grain battu, depuis la 12ᵉ jusqu'à la 18ᵉ mesure D'après ce mode de payement et aussi quand on paye en argent, la moyenne du prix de battage est :

Pour le blé	de fr. 0,567 à fr. 0,680 par hectolitre.				
— le seigle	de	0,454 à	0,567	—
— l'épeautre	de	0,227 à	0,283	—
— l'orge	de	0,340 à	0,454	—
— l'avoine	de	0,283 à	0,340	—
— le colza et la navette de	0,340 à	0,454	—

5. LABOUR A LA BÈCHE.

1 homme bêche par jour, terre arable 83 m. carrés.

   ce qui donne. . . . . .fr. 135 à 150 l'hectare.

1 homme bêche par jour, terre légère ou de jar-

   din 1 à 2 ares, ce qui donne. . . . . . . 60 à 120   —

6. MAIN-D'OEUVRE NÉCESSAIRE POUR LA FUMURE ET L'AMENDEMENT DES CHAMPS.

1 homme et 3 femmes transportent de l'étable sur le fumier, par jour, 8 à 10 voitures (de 10 qx métr.) de fumier, environ fr. 0-30 par voiture.

1 homme charge 8 à 10 voitures de 10 qx mét., fr. 0-09 à 0-12 par voiture.

1 homme décharge 40 à 50 voitures de 10 qx mét., fr. 0-02 à 0-03 par voiture.

1 homme répand 8 à 10 voitures de 10 qx mét., fr. 0-04 à 0-07 par voiture.

1 homme répand par jour 13 à 16 hectol. de chaux, fr. 0-07 à 0-09 par hectolitre.

1 homme répand par jour 4 qx mét. de plâtre, fr. 0-25 par quintal.

1 homme répand par jour 7 à 10 qx mét. de guano, farine de tourteau, poudre d'os, fr. 0-10 à 0-12 par quintal.

Autres travaux exécutés en une journée de 8 à 10 heures.

7. CONFECTION DES FOSSÉS.

			Francs.
0m,60 de largeur et 0m,30 de profondeur, le *mètre courant*.			0,02
1m,00 — 0m,37 —			0,03 à 0,05
1m,40 — 0m,60 —			0,05 à 0,07

Tranchées de drainage : 0m,45 d'ouverture et 1m,25 de
  profondeur : 1° si la terre peut être enlevée à la bêche.   0,07 à 0,10

2° Si la terre doit être préalablement piochée . . . .   0,12 à 0,10

Ouverture des tranchées, posage des tuyaux, remplis-
  sage, etc., jusqu'à l'achèvement complet des travaux   .   0,25 à 0,35

8. TRAVAUX EXIGÉS POUR L'ENTRETIEN DES BESTIAUX.

1 homme coupe avec le hache-paille ordinaire 10 quintaux
  métriques de paille, par 100 kilog.   0,10

1 homme coupe à la longueur de 0m,01 paille, ordinaire,
  7,5 quintaux de paille, par 100 kilog.   0,14

1 homme coupe avec un hache-paille à levier, 12,5 qx.
  de paille, par 100 kilog.   0,08

1 homme coupe avec un hache-paille à volant, 15,0 qx.
  de paille, par 100 kilog.   0,07

1 homme lave 20 à 25 moutons, fr. 0,04 à 0,05 par mouton.

1 femme tond 20 à 30 — 0,06 à 0,01 —

3 hommes et 2 femmes amènent par jour aux tondeurs, 400 moutons,
  en ramassent et lient la laine, par tête, 1 à 1 1/2 centime.

**§ 83. Évaluation des journées de main d'œuvre nécessaires dans une
ferme de 250 hectares de terres arables et 37,50 hectares de prairies ; on suit l'assolement triennal perfectionné.**

Cultures :		
Céréales d'hiver (1/3)	83 1/3	hectares.
— d'été (1/3) .	83 1/3	—
Jachère	28	—
Pois	12 1/2	—
Trèfle.	15	—
Plantes sarclées . .	27 5/6	—

250 hectares et 37,5 hect. de prairies.

Les semailles exigent les journées de travail suivantes :

	Journées d'homme.	Journées de femme.
83 1/3 d'hivernage à semer (les surveillants et chefs de service en sèment 1/3). (Les calculs sont faits d'après les données du § 82	27 3/4	
83 1/3 hect. de céréales d'été à semer (1/3 par les surveillants)	22	
15 hect. de trèfle à semer (1/3 par les surveillants)	4	
12 1/2 hect. de pois	4	
15 1/3 — de pommes de terre		121
12 1/2 — de betteraves et de choux à repiquer		200
Somme. . .	57 3/4	321

Les façons successives sont données aux plantes sarclées à l'aide de la houe à cheval, du butteur, etc.; le nettoyage des plantes, l'arrosage pour favoriser la reprise et le remplacement des plantes mortes demandent pour les 27 5/6 hect. . . . . .

	Journées d'homme.	Journées de femme.
		90
Résultat. . .		90

Récolte des céréales :

	Journées d'homme.	Journées de femme.
83 1/3 hect. de céréales d'hiver à faucher, un faucheur coupe par jour 0,625 hect.	133 1/2	
Javelage et engerbage, 0,5 hect. par femme		166 1/3
Chargement, râtelage, engrangement .	44	110
12 1/2 hect. de pois à faucher, 0,375 hect. par homme	33 1/3	
Râtelage, chargement, engrangement.	10	22
83 1/3 hect. d'orge et d'avoine à faucher, 0,75 hect par faucheur.	111 1/9	
Javelage, engerbage, etc., 0,75 hect. par femme		111 1/9
Chargement, râtelage, engrangement.	32	80
Somme. . .	361	489 7/9 (ou 490)
15 hect. de trèfle. Le fauchage, le râtelage et la rentrée sont exécutés par les domestiques; ils exigent pour les 2 coupes	60	55

Journées d'homme. Journées de femme.

Récolte du foin et du regain :

		Journées d'homme.	Journées de femme.
37,5	hect. de prairies à faucher et à faner ;		
	0,375 par faucheur	100	100
	Chargement, râtelage, déchargement.	10	20
37,5	2ᵉ coupe (regain).	100	100
	Chargement, etc.	6	12
	Somme. . .	216	232

Récolte des plantes sarclées :

		Journées d'homme.	Journées de femme.
15 1/2 hect. de pommes de terre à récolter et	à rentrer	60	360
12 1/2 hect. de betteraves et choux pommés	à récolter et à rentrer	50	200
	Somme. . .	110	560

Travaux des engrais :

		Journées d'homme.	Journées de femme.
1,600 voitures de fumier, à sortir des écu-	ries par les domestiques	160	480
58 1/3 hect. à fumer, 1° changement du fu-	mier	10	100
	2° épandage, 0,25 hect. par journée .		233 1/3
	Somme. . .	170	813 1/3

Total général :

	Journaliers.		Domestiques.	
	Hommes.	Femmes.	Hommes.	Femmes.
Semailles	39 3/4	321	18	»
Travaux des plantes sarclées .	»	90	»	»
Récolte des céréales	364	490	»	»
Récolte du trèfle.	»	»	60	55
Récolte du foin et du regain . .	216	232	»	»
Récolte des plantes racines . .	110	560	»	»
Travaux de fumure.	10	333 1/3	160	480
Total des journées . .	739 3/4	2,026 1/3	238	535

Ce sont les céréales qui exigent le plus grand nombre de journées (854 jours); si l'on voulait faire la moisson en un mois, il faudrait engager au moins douze familles (dont deux à trois membres capables de travail), qu'on occuperait en hiver au battage du grain.

§ 84. Évaluation des journées d'attelage et de main-d'œuvre exigées par les diverses plantes agricoles.

Nous faisons suivre ici quelques données générales sur les dépenses qu'exige la culture des diverses plantes agricoles; elles peuvent servir à faire promptement une estimation approximative. Dans le cas où il s'agit d'évaluations *exactes*, il est indispensable de modifier convenablement ces données, selon les circonstances locales.

2 hectares 50 ares de terres arables exigent les travaux suivants :

	Journées d'attelage.		Journ. de main-d'œuvre.	
	Journées à 2 chevaux.	Journées à 1 cheval.	Journées d'homme.	Journées de femme.

1. *Culture du colza sur jachère.*

Labour et hersage de la jachère, transport du fumier, chargement, déchargement, épandage, labour d'enfouissage, hersage et roulage, labour de semailles, semis avec le semoir, buttage avec le butteur, récolte, rentrée et battage. . . . .

battage.	68,60	6,00	46,00	60,00
Cela fait par hectare.	27,20	2,40	18,40	24,00

2. *Culture du maïs sur le trèfle.*

Rompre et herser le chaume de trèfle, labourer sur raie avant l'hiver, herser, transporter le fumier, charger, décharger, enfouir le fumier, labourer pour les semailles, placer les grains sur les ados, éclaircir les jeunes plantes, sarcler, butter deux fois avec le butteur, écimer, ôter les spathes, récolter et battre.

les spathes, récolter et battre.	88,00	3,40	49,20	28,00
Ou par hectare.	35,20	1,20	19,60	11,20

	Journées d'attelage.		Journ. de main-d'œuvre	
	Journées à 2 chevaux.	Journées à 1 cheval.	Journées d'homme.	Journées de femme.

3. Culture du blé sur jachère.

Labour, hersage; transport du fumier, chargement, déchargement, épandage et enfouissage; roulage et hersage, labour de semailles, récolte, battage . .	54,00	68,40	78,80	100,00
Ou par hectare.	21,00	27,20	29,60	40,00

4. Blé ou seigle d'automne sur trèfle.

Rompre le trèfle, herser, rouler; charger, transporter, décharger, répandre et enfouir le fumier; herser et rouler, labourer et ensemencer, récolter et battre. .	50,00	6,50	66,00	87,00
Ou par hectare.	20,00	2,80	26,40	34,80

5. Blé ou seigle d'automne, après le colza.

Déchaumage, hersage, labour de semailles, hersage et roulage, semailles, hersage, sillons pour l'écoulement des eaux, hersage ou ploutage au printemps (du blé), affanage éventuel (couper au-dessus du collet, si la végétation est trop luxuriante), travaux de récolte, rentrée, battage et nettoyage.	20,00	6,00	55,00	90,00
Ou par hectare.	8,00	2,40	22,00	36,00

6. Céréales d'été succédant aux plantes sarclées.

(Dans les sols compactes, qui ont encore besoin d'un labour au printemps.)
Labour avant l'hiver, 2e labour au printemps, hersage; labour de

| | Journées d'attelage. | | Journ. de main-d'œuvre. | |
	Journées à 2 chevaux.	Journées à 1 cheval.	Journées d'homme.	Journées de femme.

semailles et hersage; semailles, raies d'écoulement, récolte, rentrée, engrangement, battage et nettoyage. 20,40   6,40   40,40   64,00

Ou par hectare.   8,00   2,40   16,00   18,40

7. *Orge et avoine succédant aux plantes sarclées.*

(Sol moyen, et semailles sur labour d'hiver.)

Herser après la récolte des pommes de terre, labourer pendant l'hiver; herser, ensemencer, enfouir la semence avec l'extirpateur et la herse, rouler, tirer les raies d'écoulement; faucher, lier, rentrer, engranger, battre, nettoyer 10,80   4,40   40,40   46,00

Ou par hectare.   4,00   1,60   16,00   18,40

8. *Pommes de terre et autres plantes sarclées succédant aux céréales d'automne* (sans fumure).

Labourer et herser; labourer en ados, planter les pommes de terre dans les raies et recouvrir à la houe, herser et butter deux fois, arracher à la charrue, récolter, charger; ouvrir de nouveau le champ, herser et récolter une deuxième fois; rentrer. décharger et mettre en silos ou en cave 37,00   2,00   33,00   144,00

Ou par hectare.   14,80   0,80   14,20   57,60

9. *Trèfle d'un an pour être converti en foin.*

Semer, recouvrir à la herse ren-

	Journées d'attelage.		Journ. de main-d'œuvre.	
	Journées à 2 chevaux.	Journées à 1 cheval.	Journées d'homme.	Journées de femme.
versée sur le dos (ploutage) ou avec le rabot belge; répandre du plâtre ou des cendres, enlever les pierres et d'autres inégalités; faucher, faner, charger, transporter, engranger (les deux coupes)	22,00	2,00	39,20	67,00
Ou par hectare.	8,80	0,80	15,60	26,80

10. *Trèfle d'un an* (1 *coupe*).

Nettoyage du champ, hersage vigoureux, épandage de plâtre ou de cendres; fauchage, fanage, chargement, transport, déchargement	14,00	1,00	24,00	43,00
Ou par hectare.	5,60	0,40	9,60	17,20

11. *Pois fumés succédant aux céréales.*

Déchaumer; charger, transporter, décharger, épandre et enfouir le fumier; herser et rouler, semer et recouvrir la semence, tracer et nettoyer les sillons d'écoulement; faucher, faner, transporter, engranger, battre et nettoyer	33,60	4,20	63,60	68,00
Ou par hectare.	14,80	1,60	25,20	27,20

12. *Vesces fumées, pour fourrage vert.*

Déchaumage, hersage; chargement, transport, déchargement, épandage et enfouissage du fumier; hersage, semailles; hersage, roulage, confection des sillons d'écoulement, fauchage, transport, et déchargement. .	32,60	5,20	24,20	18,00
Ou par hectare.	12,80	2,00	9,60	7,20

	Journées d'attelage.		Journ. de main-d'œuvre.	
	Journées à 2 chevaux.	Journées à 1 cheval.	Journées d'homme.	Journées de femme.
13. *Vesces destinées à être converties en foin.*				
Labours, hersage; semailles, fauchage, fanage, etc.	31,20	5,20	32,20	35,00
Ou par hectare.	12,40	2,00	12,80	14,00
14. *Vesces cultivées pour leur semence.*				
Labours, hersage, semailles, fauchage, séchage, chargement, transport, engrangement, battage et vannage.	29,20	5,20	48,20	46,00
Ou par hectare.	11,60	2,00	19,20	18,40

Pour les autres plantes fourragères, destinées également à être consommées en vert, ou à être converties en foin, ou enfin à être récoltées pour leurs graines, les dépenses pour les divers travaux sont à peu près les mêmes que pour les vesces.

FUMURE ET ENGRAIS.

La substance des plantes est formée d'une quantité déterminée d'éléments chimiques ou corps simples; ces éléments sont indispensables aux plantes pour se développer d'une manière normale et complète; si un seul de ces principes manque, le développement normal s'arrête, l'accroissement ne suit plus son cours régulier. Quels sont donc les matériaux nécessaires pour élever l'édifice végétal, ou, pour parler sans figure, quels sont les *aliments indispensables à la nourriture des plantes*? Les analyses chimiques d'une quantité innombrable de végétaux ont jeté une vive et abondante lumière sur cette question : elles ont démontré avec évidence que ce sont les substances que nous avons désignées plus haut comme étant les parties constituantes du sol (§ 9).

Quatre éléments : le *carbone*, l'*hydrogène*, l'*oxygène* et l'*azote*, composent la masse proprement dite des plantes, de leurs organes et de leur séve ; c'est pour cela qu'on les appelle *éléments* ou *principes organiques.* On les désigne encore sous le nom d'*éléments combustibles*, parce que lorsqu'on les brûle à l'air ils se consument et disparaissent entièrement, c'est-à-dire qu'avec le secours de l'oxygène de l'air ils se transforment en combinaisons gazéiformes ; on les nomme encore *éléments putrescibles,* parce qu'ils sont susceptibles de *fermenter*, de *se décomposer*, de *pourrir;* ici, comme dans la combustion, ils se transforment également en combinaisons aériformes, mais d'une manière infiniment plus lente ; enfin, ils portent aussi le nom d'*éléments atmosphériques,* parce qu'ils sont contenus dans l'atmosphère. L'atmosphère renferme toujours de *l'acide carbonique,* de *l'eau,* de *l'ammoniaque, de l'acide azotique,* et ce sont uniquement ces quatre combinaisons (aliments atmosphériques des végétaux), qui pourvoient nos forêts et nos plantes sauvages des quatre éléments organiques précités. Ils sont absorbés par les plantes, en partie par les racines, en partie par les feuilles, et ils s'y transforment en fibre ligneuse, en amidon, en sucre, en résine, en albumine, etc. Si les plantes et leurs débris restent sur le sol qui les a produits, ils s'y transforment en terreau ou humus. Ce terreau, en s'oxygénant, en se décomposant lentement, produit de l'acide carbonique, de l'eau, de l'ammoniaque et de l'acide azotique qui sont absorbés et assimilés par les racines, ce qui doit exercer sur la végétation une heureuse influence, puisque alors les plantes peuvent puiser à deux sources : l'air et le sol.

Mais, dans toutes les plantes, il y a encore, outre ces éléments organiques, *des substances ou éléments inorganiques* qui sont ou dissous dans la séve, ou déposés dans le tissu cellulaire. On les appelle aussi *éléments minéraux*, parce qu'ils proviennent des substances minérales du sol, ou *éléments incombustibles*, parce qu'ils *sont fixes au feu*, c'est-à-dire que la chaleur est impuissante à les consumer, à les volatiliser ; *enfin*, on les désigne encore sous le nom de *principes des cendres*, parce que ce sont eux qui composent les cendres provenant de la combustion des plantes. Outre cette différence, ils se distinguent encore des principes organiques, en ce qu'ils ne sont ni fermentescibles ni putrescibles comme ceux-là. Toutes les plantes ont besoin, pour vivre et se développer entièrement, d'une quantité déterminée de ces éléments minéraux, les unes moins, les autres plus ; si elles ne les trouvent pas dans le sol, elles s'arrêtent dans leur croissance, deviennent chétives, dépérissent, se fanent avant d'être parvenues à maturité, et ne produisent pas de semence. Les éléments constitutifs de la *potasse* et de la *soude* (alcalis), ceux de la *chaux* et de la *magnésie* (oxydes terreux), enfin les éléments des acides *phosphorique* et *sulfurique, chlorhydrique* et *silicique,* ainsi que les deux métaux : le *fer* et le *manganèse*, voilà les *aliments minéraux des plantes.* C'est le sol qui les leur fournit. Il les contient généralement tous, mais dans des combinaisons insolubles. Néanmoins, par suite de la décomposition lente qui a lieu sous les influences atmosphériques, une certaine quantité de ces substances se transforme continuellement en combinaisons solubles, puis se répand, se dissémine avec l'humidité du sol et devient ainsi absorbable par les racines des plantes. S'il se forme, comme dans les forêts, une couche d'humus sur le sol, celui-ci non-seulement s'enrichit des substances minérales solubles provenant des débris végétaux, mais il se délite, se décompose plus facilement sous l'influence de l'acide carbonique produit par la décomposition de l'humus ; il y aura donc alors une plus grande provision de substances minérales assimilables, ce qui doit avoir pour conséquence naturelle une végétation plus vigoureuse.

Mais une végétation bien plus active et plus puissante encore, est celle que provoque le cultivateur en fumant le sol, c'est-à-dire en l'enrichissant artificiellement d'aliments appropriés aux besoins des plantes. Nous avons démontré, en traitant du sol (§ 12), que cet accroissement de la force végétative produit par les fumures peut encore être aidé par toutes les opérations qui améliorent l'état physique et mécanique du sol : mélanges des terres, labours et autres façons, culture des plantes étouffantes et nettoyantes, jachère, écobuage et brûlement des terres, desséchements et irrigations, etc. Au surplus, le fumier agit sur l'état physique du sol : ici, il ameublit ; là, il donne plus de consistance ; ailleurs, il échauffe, neutralise, dissout, etc. Le mode d'action domine même dans quelques engrais spéciaux, comme dans la marne, la tourbe, etc. Enfin, l'emploi des engrais provoque une plus forte absorption des aliments atmosphériques, car les plantes vigoureuses et luxuriantes possèdent une force d'absorption et d'assimilation bien plus grande que des plantes faibles et chétives, et elles laissent aussi, par suite de ce développement extraordinaire, plus de débris et de racines dans le sol. *Ainsi, la fumure directe du sol a toujours pour conséquence naturelle un enrichissement indirect, provenant de l'air ambiant.*

En fumant le sol, on a pour but de lui restituer les matières nutritives qui lui ont été enlevées par les récoltes ou de toute autre manière. Ces aliments apportés par les fumiers forment, avec ceux que fournit la décomposition des substances minérales et végétales, la provision nécessaire à l'alimentation des récoltes futures. Si ce dépôt d'aliments augmente d'année en année, le sol s'enrichit et devient plus fécond ; si, au contraire, ce dépôt diminue, si l'on enlève par les récoltes plus qu'on ne rend par les fumures, le sol s'appauvrit et sa richesse diminue. Dans les contrées chaudes, les terres riches produisent souvent, par suite d'une décomposition rapide, tant d'aliments solubles qu'elles donnent sans fumure de très-bonnes récoltes, et cela jusqu'à ce que le dépôt alimentaire soit épuisé. Dans les climats froids, au contraire, où, par suite d'une température plus basse, les phénomènes de décomposition ne sont ni aussi actifs, ni aussi énergiques, il est nécessaire, même dans les sols riches, d'employer d'abondantes fumures, si l'on veut y obtenir de belles récoltes.

Le bon fumier de ferme, riche en déjections solides et liquides, renferme tous les éléments constitutifs des plantes ; aussi convient-il à tous les végétaux et à tous les sols, et c'est pour cela qu'on l'appelle *engrais* ou *fumier normal, complet, général.* Les *engrais spéciaux* ne contiennent pas tous les aliments nécessaires aux plantes, ils sont incomplets ; aussi ne les emploie-t-on avec succès que pour des plantes et sur des sols particuliers, spéciaux. Les engrais spéciaux qui se rapprochent le plus du fumier normal, sont ceux qui sont riches en *azote* et en *phosphore*. Ces deux éléments abondent dans les denrées agricoles qu'on exporte de la ferme, tels que les grains, la viande, le lait, la laine, et sont, pour cette raison, généralement en déficit dans le sol. L'azote et le phosphore peuvent donc non-seulement augmenter l'effet du fumier de ferme, mais encore le remplacer quelquefois. La substitution de ces engrais au fumier normal peut se continuer pendant un laps de temps plus ou moins long, selon l'abondance plus ou moins grande des autres aliments contenus dans le sol, comme le prouve l'exemple du guano. En effet, l'emploi exclusif du guano pendant une période de 10 à 15 années dans quelques localités de l'Europe, et pendant plusieurs siècles au Pérou, a produit les meilleurs résultats.

Quelques engrais spéciaux ne contiennent qu'un seul ou tout au plus deux des éléments qui entrent dans la constitution des plantes, et encore ces éléments ne sont-ils pas très-rares dans le sol. Dans cette catégorie, il faut placer la chaux, le plâtre, le sel marin, le salpêtre du Chili (azotate de soude). Quelques-uns, appelés alors amendements, agissent plutôt sur l'état physique que sur l'état chimique du sol ; ils ne peuvent donc pas remplacer à eux seuls le fumier d'étable ; ce sont uniquement des engrais complémentaires, qui ne doivent être employés que simultanément ou alternativement avec le fumier. Quant à l'avantage qui peut résulter de leur application à un sol et à une plante déterminés, le cultivateur doit et peut le savoir en faisant les essais de culture indiqués au § 13, 8°. Une comparaison entre les parties constituantes minérales de ces engrais et celles des plantes agricoles les plus répandues (§ 11) lui fournira aussi d'utiles renseignements.

La rapidité et la durée d'action des engrais dépendent essentiellement de l'état de combinaisons où se trouvent leurs parties constituantes. Si ces combinaisons peuvent acilement se dissoudre, comme cela a lieu pour le fumier décomposé, le purin, le guano, le salpêtre du Chili, les minéraux délités, décomposés, les cendres, etc., les racines des plantes sont à même d'en profiter aussitôt, tandis que, dans le cas contraire, les plantes végètent misérablement; elles souffrent jusqu'à ce que cette transformation et cette dissolution soient effectuées, c'est-à-dire jusqu'à ce que ces engrais, encore indigestes et inassimilables, se soient transformés en aliments propres a la nourriture des végétaux.

La chimie agricole apprend à connaître les éléments constituants des engrais et leurs combinaisons; elle explique les changements que subissent les fumiers à l'étable, dans la cour et dans les champs; elle montre quelles sont les parties propres à l'alimentation végétale et comment on peut les améliorer et en augmenter la quantité; comment il faut les essayer et en apprécier l'effet; elle donne encore une foule d'autres indications utiles. Du reste, la chimie agricole n'est encore qu'à ses débuts, et nous avons la conviction qu'elle éclairera d'une vive lumière toutes les questions qu'elle étudiera. Aidée de la physiologie végétale, de la physique et de la météorologie, elle recherche et elle découvrira les lois et les conditions de la croissance des plantes, et les transformations qui s'y accomplissent pendant la végétation, et ce n'est qu'après cette découverte, qu'elle posera les bases de la science raisonnée des engrais. Quant aux principes que la science a établis jusqu'ici relativement à cette question, quelque incomplets qu'ils soient encore, ils présentent cependant à l'agriculteur des règles de conduite bien plus rationnelles et plus sûres que les nombreuses données empiriques, et fort souvent contradictoires, qui règnent encore généralement. Cependant on devra encore s'en tenir, sous plusieurs rapports, à ces dernières, comme pis-aller, jusqu'à ce que des recherches plus exactes et plus multipliées nous aient mis en possession de données scientifiques certaines et positives.

LE FUMIER DE FERME OU FUMIER D'ÉTABLE.

§ 85. I. Production du fumier.

On sait qu'une grande partie du fourrage disparaît pendant son passage à travers le corps de l'animal, car les excréments solides et liquides, réduits à l'état sec, ne pèsent que le tiers ou la moitié du fourrage consommé, également réduit à l'état sec. Au § 37, nous avons vu que la portion qui manque pourvoit à la respiration et à la transpiration, à la production de la chair, du lait, etc. L'expérience suivante, faite sur un cheval et sur une vache laitière, montre le changement qu'a subi, par la digestion, le rapport qui existait entre les divers éléments du fourrage.

Voici le résultat de cette expérience :

		Chez le cheval.	Chez la vache.
De 100 kilog. de fourrage sec, il a passé dans les déjections		40 kilog.	48 kilog.
—	de carbone.	37 —	42 —
—	d'hydrogène	43 —	37 —
—	d'oxygène	42 —	41 —
—	d'azote	85 —	65 —
—	de substances minérales . .	98 —	94 —

Ainsi, les trois premiers éléments, le carbone, l'hydrogène et l'oxygène, ont été assimilés dans une bien plus grande proportion que l'azote, et les substances minérales contenues dans le fourrage ont été reproduites presque en totalité dans les déjections. D'où il suit encore que, pour le même poids de substances sèches, les déjections renferment proportionnellement bien plus de substances minérales et azotées, que les fourrages dont elles proviennent. Nous voyons que le cheval a reproduit 2/5 (40/100) des substances sèches du fourrage, la vache près de la moitié (48/100). Mais cette proportion varie beaucoup aussi pour les individus d'une même race, selon l'espèce et la quantité de fourrage (voir les §§ suivants), de sorte qu'il est impossible de donner à cet égard des nombres déterminés et ayant une valeur générale.

Les méthodes pratiques usitées pour calculer les quantités de fumier sont encore plus incertaines et plus variables dans leurs résultats; cependant, aussi longtemps qu'on n'aura pas fourni au cultivateur une base plus sûre d'évaluation, il faudra bien qu'il s'en tienne aux méthodes empiriques.

1re *méthode*. Quantité approximative de fumier (à demi

consommé) que fourniront 100 kilog. des fourrages suivants :

	Chez les bêtes à cornes.	Cheval.	Bêtes à laine.
100 kilog. de betteraves . . .	50 kilog.	40 kilog.	25 kilog.
— trèfle et herbe .	60 —	40 —	35 —
— pommes de terre .	70 —	50 —	40 —
— paille fourragère .	190 —	140 —	120 —
— foin	200 —	150 —	125 —
— grains	200 —	150 —	100 —
— paille-litière . .	200 —	170 —	137 —

2ᵉ *méthode, dite de la dessiccation.* Pour trouver la quantité de fumier (humide et à demi consommé), on multiplie par 2 le poids du fourrage et de la litière réduits à l'état sec.

100 kilog. des fourrages suivants contiennent en substances sèches :

	Kilogrammes.
100 kilog. de foin, paille, grains, son, tourteaux	100
— fourrages verts, herbe, trèfle, etc.	20 à 25
— pommes de terre.	25 à 30
— choux-raves et de betteraves industrielles . .	16 à 18
— betteraves fourragères et de carottes.	12 à 15
— turneps, navets en récolte dérobée, choux pommés.	9 à 12
— feuilles de navets	8 à 9

Mais cette quantité varie encore selon l'espèce de bétail qui consomme le fourrage. Ainsi 100 kilogr. de fourrages secs produisent :

Chez les moutons (le fumier le plus sec). . . .	130 kilog.
— chevaux.	140 —
— bœufs de travail.	160 —
— vaches	230 —
— porcs (le fumier le plus aqueux). . . .	250 —

3ᵉ *méthode, dite des équivalents*. On réduit tout le fourrage en valeur de foin, on y ajoute le poids de la paille-litière, et l'on multiplie le poids total par le nombre 2. Le produit donne la quantité de fumier cherchée. Si l'on applique cette méthode en prenant pour point de départ le poids, la destination des animaux, on compte, en moyenne, *pour* 100 *kilogr. de poids en vie*, 3 kilogr. de foin ou l'équivalent pour la nourriture, et 1 kilogr. de paille-litière par 5 à 6 kilogr. de foin consommé. Pour les animaux de travail et ceux qui sont nourris au pâturage, il faut faire des réductions proportionnelles aux pertes subies pendant le temps que ces animaux passent au dehors.

L'estimation de la quantité de fumier d'après le nombre de têtes de bétail ou d'après la surface des cultures fourragères, est la moins exacte et partant la moins employée. En prenant pour base le nombre de têtes, on compte que 100 kilogr. de bétail, poids vif, produisent annuellement 20 à 25 quint. de fumier, ou bien, qu'avec une race de taille assez forte, abondamment nourrie, le fumier étant du reste bien soigné, on obtient par an :

D'une bête à cornes (stabulation permanente).	125	qx. métr.
— nourri au pâturage. . .	100	—
D'une bête de trait	90	—
D'une jeune bête	50	—
D'un porc	10	—
D'un mouton	9	—

Pour la méthode qui consiste à prendre pour base la surface des cultures fourragères, voir le tableau du § 31.

§ 86. II. Composition des fumiers.

Des déjections animales en général. La qualité du fumier, de même que la quantité, dépend de la qualité et de la quantité des aliments qu'on donne au bétail; or, la valeur du fourrage est très-variable selon les diverses circonstances dans lesquelles il a été cultivé, produit, récolté et conservé. Les animaux qui reçoivent une nourriture abondante et riche produisent non-seulement plus de fumier, mais encore un fumier plus substantiel et de meilleure qualité. Une alimentation riche a toujours pour conséquence la production d'un fumier riche, aussi le cultivateur qui donne à ses bestiaux beaucoup de fourrages substantiels (tourteaux, grains), n'en ressent pas seulement le résultat favorable dans son étable, mais encore dans ses champs, car l'animal n'extrait des fourrages que 1/6 à 1/5 des deux éléments essentiels (l'azote et le phosphore), cinquième auquel il donne dix fois plus de valeur en le convertissant en viande et en lait, tandis que les 4/5 restants sont rejetés avec les excréments solides et liquides. Ainsi, de telles déjections sont souvent deux fois plus riches en azote et en phosphore — comme cela a été constaté par des analyses — que celles provenant d'animaux mal nourris; elles ont donc aussi bien plus de valeur comme engrais.

La *digestibilité* et la nature plus ou moins aqueuse des fourrages exercent aussi une grande influence sur la qualité du fumier. La fibre végétale, devenue ligneuse dans les foins et les pailles trop mûres, est, de toutes les parties constituantes des aliments végétaux, celle qui est la plus difficile à digérer. Comme ces fourrages pailleux sont d'ordinaire très-pauvres en substances azotées, les déjections qui en proviennent sont, il est vrai, riches en fibres insolubles, mais en revanche pauvres en azote et en phosphore. Ces sortes de fourrages donnent des engrais abondants, mais peu substantiels, fertilisants. Plus un aliment est aqueux et plus un animal boit, plus ses déjections sont aqueuses, délayées. Ainsi, avec une alimentation verte, ou avec une forte ration de résidus aqueux, les animaux produisent plus de fumier; mais ce fumier, à cause de la grande proportion d'eau qu'il contient, est moins riche en substances solides que celui provenant des mêmes aliments, secs, car ce dernier contiendra moins d'eau. La quantité d'eau contenue dans les déjections varie aussi beaucoup selon les espèces de bétail; ainsi, les excréments frais des vaches et des porcs contiennent 80 à 85 p. c. d'eau, les crottins de cheval 70 à 75 p. c., et ceux de moutons 60 à 66. Aussi, à égalité de volume, les crottins de mouton contiennent presque deux fois autant de substances actives, fécondantes que la bouse de vache.

L'*âge des animaux* produit aussi une différence dans les déjections animales. Les jeunes bêtes ont besoin de substances organiques et inorganiques pour leur croissance et le développement général de leur corps; elles les enlèvent aux aliments, et, par conséquent, il s'en reproduit moins dans leurs déjections. Le fumier des jeunes animaux sera donc toujours moins riche que celui des bêtes adultes, même à rations égales.

La destination ultérieure des animaux, leur utilisation spéciale influe aussi sur la production du fumier. Plus un animal marche et travaille, plus il respire et sue, mais aussi plus un animal consomme de parties alibiles par la respiration et la transpiration, moins il en rejette par les excréments solides et liquides. Un animal qui travaille fournira donc toujours, à nourriture égale, des déjections moins riches et moins abondantes qu'un animal qui se repose. Ainsi, là où le repos s'ajoute à une alimentation copieuse et substantielle, comme il arrive pour le bétail d'engrais, les animaux produisent toujours les déjections les plus abondantes et les plus fertilisantes. Chez les bêtes à lait, une quantité assez considérable de substances azotées (1/4 à 1/3, autant que les déjections solides et liquides en contiennent ensemble) passe dans le lait, et le fumier est partant appauvri d'autant.

Les soins que l'on donne aux animaux ne sont pas non plus sans action sur la production du fumier. Si un animal est exposé au froid ou à l'humidité, il lui faut une plus grande quantité de fourrage, car il doit produire une plus grande somme de chaleur pour conserver son corps à la température normale. Les substances employées à cet usage sont naturellement perdues pour le fumier.

Enfin, dans cette question il faut encore prendre en considération la quantité et la nature de la litière. La paille renferme incomparablement moins de substances fertilisantes que les déjections animales ; ces dernières sont donc, pour ainsi dire, affaiblies, amaigries par ce mélange : la masse en devient plus volumineuse, mais moins active et moins substantielle. Mais, par contre, la paille est très-propre à faire de toutes les déjections solides et liquides un mélange complet et riche, très-actif, car elle absorbe et retient l'urine. La litière des forêts, composée d'un mélange de substances denses, ligneuses et terreuses, n'absorbe pas autant d'urine que la paille; il faut donc en employer une plus grande quantité pour procurer aux bestiaux un coucher sec. Cet état mécanique des feuilles, mousses, etc., ainsi que leur moindre teneur en substances minérales, expliquent clairement pourquoi le fumier préparé avec la litière des forêts produit bien moins d'effet que le fumier de paille.

Des déjections solides et liquides en particulier. Toutes les différences que nous venons de signaler se rapportent à l'ensemble des excréments, solides et liquides, mais entre ces deux produits, il y a encore une grande différence, qui mérite la plus sérieuse attention de la part des cultivateurs. Pendant le passage des aliments dans le canal digestif, il y a toujours une séparation caractéristique entre les parties qui n'ont pu être assimilées, séparation qui consiste en ce que les parties solubles sont rejetées sous la forme liquide (urine), tandis que les parties insolubles le sont sous la forme solide (gros excréments). Nous pouvons provoquer une séparation semblable en faisant bouillir les fourrages, — du trèfle, des navets, par exemple—dans de l'eau, et en exprimant ensuite le jus de la matière bouillie : les substances en dissolution dans ce jus se rapprochent beaucoup de celles de l'urine, tandis que le résidu insoluble ressemble fort aux excréments solides. D'où suit cette importante conséquence pratique, que c'est seulement la réunion de ces deux sortes de déjections, *les solides et les liquides*, qui forme une alimentation végétale complète, *un engrais complet*, puisque le nouvelles plantes ont besoin, pour leur accroissement et leur développement, tout à la fois des deux espèces de substances. Ainsi les gros excréments ne peuvent pas former, à eux seuls, une nourriture végétale et complète, il en est de même de l'urine; pour un engrais parfait, il faut les deux réunis. Un fumier normal, répondant complétement à toutes les exigences des plantes, ne peut donc être obtenu qu'en associant à l'engrais solide autant d'urine qu'il peut en absorber.

Avec une alimentation ordinaire, on a trouvé que 1,000 kilog. de déjections fraîches se composaient des substances suivantes :

DÉJECTIONS.	Substances solides à l'état sec.	Azote.	Acide phosphorique.	Alcalis : soude et potasse.	Chaux et magnésie.	Silice.	Valeur approximative de 1,000 kil.
							FR.
Bouse de vache. . .	160	3,0	2,25	1,0	1,0	16,0	7,50
Urine de vache. . .	70	8,0	»	14,0	1,5	0,1	17,00
Bouse d'un bœuf d'engrais	170	3,5	3,0	1,5	5,0	15,0	29,00
Urine	75	11,0	0,1	15,0	1,25	0,125	21,00
Crottins de cheval. .	240	5,0	3,5	3,0	3,0	20,0	12,50
Urine » . .	110	12,0	»	15,0	8,0	0,25	23,75
Crottins de mouton .	410	7,5	6,0	3,0	15,0	32,0	16,50
Urine » .	135	14,0	0,5	20,0	6,0	traces.	29,00
Excréments solides des porcs . . .	200	6,0	4,5	5,0	3,0	16,0	14.00
Urine des porcs. . .	25	3,0	1,25	2,0	0,5	traces.	6,25
Paille, à l'état complétement sec . . .	1,000	3,0	1,25	5,5	3,5	18,0	18,75

Le calcul suivant, basé sur ces expériences, donne le rapport approximatif entre les déjections solides et les liquides, et leur valeur en argent.

Une vache produisit dans un an :

	Déjections. Kilog.	Valeur en argent. Francs.
Excréments solides	10,000	75 »
Urine	4,000	67 75
Total . .	14,000	142 75

Un cheval :

	Déjections. Kilog.	Valeur en argent. Francs.
Gros excréments	6,000	75 »
Urine.	1,500	37 50
Total. . .	7,500	112 50

Un mouton :

	Déjections. Kilog.	Valeur en argent. Francs.
Gros excréments	380	7 50
Urine.	190	5 60
Total. . .	570	13 10

Un porc :

	Déjections. Kilog.	Valeur en argent. Francs.
Gros excréments.	900	12 50
Urine	600	3 75
Total. . .	1,500	16 25

Des expériences précédentes *il suit que l'urine des ani-maux herbivores se distingue par une grande abondance de combinaisons azotées (urée, acide urique et hippurique) et alcalines (potasse et soude)*, tandis qu'elle ne renferme que des traces ou même point d'acide phosphorique. Les combinaisons azotées et les alcalines sont dissoutes dans l'urine, état où elles se dissocient et s'assimilent facilement. Toutes deux exercent une action énergique et stimulante sur la végétation des jeunes plantes, et excitent à un prompt développement des tiges et des feuilles.

Les déjections solides, au contraire, sont proportionnel-lement pauvres en azote (cet azote est en outre insoluble et presque indécomposable) et en alcalis ; mais ils sont par contre très-riches en *acide phosphorique,* en *chaux,* en *magnésie* et en *silice,* ainsi qu'en substances organiques humeuses, matières qui sont toutes à l'état insoluble : aussi l'action des gros excréments n'est - elle pas prompte, car les aliments végétaux qu'ils contiennent doivent d'abord être rendus solubles et assimilables par les phénomènes chimiques de la fermentation et de la putréfaction. Dans toutes les semences, nous trouvons en abondance deux principes, le phosphore et l'azote, que nous regardons donc comme les plus propres à la formation des graines, et nous pouvons ainsi attribuer aux déjections solides une action fructigène prédominante, vu leur richesse en acide phosphorique, lequel est ordinairement très-rare dans le sol.

Il est donc évident qu'il y a un grand avantage pour le cultivateur à mélanger les deux espèces de déjections, à faire en sorte que le fumier retienne, à l'aide de la litière, le plus d'urine possible. Les déjections solides et les liquides se complètent mutuellement, et leur mélange devient ainsi un *fumier complet,* normal, c'est-à-dire un engrais qui contient tous les aliments nécessaires à une *végétation vigoureuse, prompte et soutenue,* les aliments solubles comme les insolubles, les organiques comme les inorganiques.

Le *caractère propre* de chaque engrais, selon l'espèce d'animaux dont il provient, dépend principalement de son degré d'humidité, de sa composition et de la manière dont les parties composantes sont agglutinées et mélangées.

Les *excréments des vaches* renferment le plus d'eau et le moins d'azote ; aussi n'entrent-ils que très-lentement en fermentation, et s'échauffent-ils moins vite que les autres quand on les met en tas. En outre, leur masse ne devient pas grumeleuse, et ne s'émiette pas quand elle fermente ou se dessèche ; au contraire , elle contracte une consistance butyreuse ou même compacte, de sorte que sa répartition dans le sol ainsi que sa décomposition et sa solubilité deviennent très-difficiles. C'est ce qui explique la nature froide du fumier de l'espèce bovine, ainsi que son action lente mais durable et persistante. Le mètre cube pèse environ 700 à 800 kilog.

Les *crottins de cheval* sont moins aqueux et plus riches en azote que la bouse de vache; ils sont plus friables, et leurs parties ne tiennent que faiblement ensemble, aussi se divisent-ils facilement; ils entrent promptement en fermentation , s'échauffent par conséquent beaucoup et se décomposent avec facilité, surtout parce que l'eau s'en évapore facilement. Par suite de cette prédisposition, les substances fertilisantes qu'ils contiennent deviennent plus tôt solubles et partant plus tôt assimilables pour les plantes : aussi leur effet est-il plus prompt, plus énergique, mais moins durable que celui des fumiers lents à se décomposer. C'est le plus actif et le plus chaud de tous les fumiers. Le mètre cube pèse 480 à 550 kilog.

Les *crottins de mouton* sont encore moins humides et plus azotés que ceux de cheval; ils se décomposent plus facilement que la bouse de vache, quoiqu'ils soient composés de masses végétales plus divisées par la mastication, et qu'ils soient plus denses et plus consistants. La méthode usuelle de les traiter et de les conserver augmente encore ces propriétés : ils restent longtemps entassés dans la bergerie, où ils sont continuellement humectés par l'urine des bêtes; ce mélange avec l'urine en augmente de beaucoup la puissance fécondante, ainsi que la fermentescibilité. Cette dernière se manifeste déjà à la bergerie même, comme le prouve l'odeur ammoniacale, vive et piquante qui s'en dégage. Le mètre cube pèse 550 à 580 kilog.

Les excréments de porcs diffèrent beaucoup de qualité, parce que la nourriture de ces animaux varie bien plus que celles des autres animaux domestiques. En Allemagne, on regarde le fumier de porc comme le moins fertilisant, et l'on a raison, parce que l'on n'y donne à ces bêtes que des aliments pauvres, peu azotés, comme, par exemple, des pommes de terre. En Angleterre, au contraire, on le place entre le fumier de mouton et le fumier de cheval, et les Anglais n'ont pas tort, car ils nourrissent leurs porcs avec des féveroles, des pois, du maïs, de l'orge, du son et d'autres aliments azotés et partant substantiels. La même chose a naturellement lieu, quand on leur donne du lait caillé ou du babeurre. Le mètre cube pèse de 700 à 800 kilog., comme la bouse de vache, dont la teneur en eau est à peu près la même.

Quant à l'urine des animaux, le rapport des substances solides à l'eau est encore bien plus variable ; elle dépend de la quantité d'eau absorbée comme boisson, ou de celle contenue dans les fourrages verts. Ainsi, rien que pour l'urine des bêtes bovines, le rapport de l'eau aux substances solides dissoutes varie de 97 à 92 p. c.; ici, 1 hectolitre d'urine (environ 100 kilog.) peut contenir 3 kilog. de substances sèches seulement, ailleurs, jusqu'à 8 kilog. En général, on peut admettre que, classées d'après leurs propriétés fertilisantes, les urines se suivent ainsi : urine de mouton, de cheval, de vache, et enfin de porc.

La composition fondamentale des *déjections humaines* est analogue à celle des déjections animales; seulement, avec une bonne nourriture, elles sont plus riches en acide phosphorique, lequel se reproduit ici en partie dans l'urine. 1,000 kilog. de matière fécale contiennent à peu près 250 kilog. de substances solides, dont 7 kilog. d'azote, 5 à 6 kilog. d'acide phosphorique, et 3 à 4 kilog. de potasse et de soude (1/4 de matières solides et 3/4 d'eau). 1,000 kilog. d'urine contiennent 40 kilog. de matières solides, dont 10 d'azote, 1 1/2 d'acide phosphorique et 2 d'alcalis. Vu cette grande proportion de substances fertilisantes contenues dans les déjections humaines, et par conséquent leur grande valeur agricole, non-seulement les cultivateurs, mais encore les administrations des villes devraient faire tous leurs efforts pour les recueillir autant que possible. La coupable négligence que montrent sous ce rapport la plupart des villes de l'Allemagne (et d'autres pays) cause un grand préjudice à la fécondité des terres, et par conséquent à la production agricole et au bien-être général.

§ 87. III. Traitement et conservation du fumier.

Changements que subit le fumier à l'étable et dans la fosse. Les déjections animales, comme toutes les matières organiques, sont sujettes à la fermentation et à la décomposition, quand on les met en présence de l'humidité et de la chaleur. Les changements qu'elles subissent par suite de ce phénomène sont analogues à ceux qu'éprouve l'humus dans le sol (§ 10), mais ils s'y produisent avec bien plus de rapidité, parce que les déjections sont plus riches en azote et que les substances azotées fermentent et se décomposent toujours plus vite que celles qui sont pauvres en azote. Leur carbone se convertit en acide carbonique, leur azote en ammoniaque et leur hydrogène en eau : ces trois produits sont gazeux et se perdent par conséquent dans l'air, si on ne les rend fixes. Une partie de la substance organique se transforme en combinaisons humeuses et communique au reste la couleur noire qui distingue le fumier décomposé et le terreau. En même temps, les parties minérales de ces déjections deviennent de plus en plus solubles. Les analyses les plus récentes ont donné les différences suivantes entre un lot de *fumier frais* et un lot de fumier très-décomposé.

On a trouvé :

	Dans 1,000 kilog. de fumier frais.		Dans 1,000 kilog de fumier bien consommé.	
Substances organiques solubles . .	18	kilog.	37,50	kilog.
dont azote soluble	1	—	3	—
Substances minérales solubles . .	11	—	15	—
dont potasse soluble. . . .	4	—	4,50	—
et silice soluble	1,50	—	2,50	—
Substances organiques insolubles .	19	—	130	—
dont azote insoluble. . . .	3,50	—	3,25	—
Substances minérales insolubles. .	30	—	77,50	—
dont phosphate de chaux . .	3	—	6,50	—
et chaux et magnésie . . .	9	—	17,50	—

Comme les substances solubles peuvent être assimilées par les plantes aussitôt qu'on les met à leur portée, il est facile de comprendre pourquoi une voiture de fumier *fait* produit un effet bien plus prompt et plus apparent qu'une voiture de fumier *frais*.

Mais cette propriété fertilisante, relativement très-grande, le cultivateur la paye bien cher, si, pendant la décomposition, il ne protége pas très-soigneusement le fumier contre les déperditions dans l'air des substances devenues volatiles, et contre le lessivage de celles qui sont solubles dans l'eau ; en effet, des expériences bien faites ont donné les résultats suivants :

100 quintaux de fumier frais. estimés à fr. 97-50, se réduisent :
A 75 qx. de fumier médiocrement décomposé , avec une
  perte en argent de . . . . 10 à 15 fr.
Ou à 50 qx. de fumier très-décomposé (conservation soi-
  gneuse) avec une perte de . . . . 22 à 27 —
Ou bien à 40 qx. de fumier très-décomposé (conservation
  négligée) avec une perte de . . . . 37 à 45 —
Ou enfin à 35 qx. en conservant le fumier fait encore pendant un an, avec une perte de. . . . . 60 à 64 —

C'est dans la première période de sa décomposition que le fumier fermente le plus vivement et perd le plus de son volume ; mais les gaz qui se dégagent alors sont principalement de l'acide carbonique et de la vapeur d'eau, substances dont la valeur est bien moindre que celle des combinaisons azotées et des sels minéraux qui se produisent dans les dernières périodes ; ces combinaisons peuvent se perdre facilement, les unes par le lavage des eaux de pluie, les autres à la fois par le lessivage et par la volatilisation dans l'air. Le plus sûr moyen d'éviter ces pertes si évidentes et si regrettables, c'est de laisser le fumier fort peu de temps en tas — 6 à 10 semaines selon les saisons — de ne pas l'y laisser jusqu'à ce qu'il soit changé en *beurre noir*, mais seulement jusqu'à ce qu'il ait subi un commencement de fermentation, une macération. D'après les praticiens, ce moment est arrivé quand la paille est devenue brune et qu'elle s'est aplatie et ramollie au point de se laisser rompre facilement avec la fourche quand on charge le fumier. La masse , qui est alors assez homogène, a perdu 1/6 ou tout au plus 1/5 de son volume.

Quant à l'emplacement et à la disposition des tas de fumier, voici les règles à suivre :

1. Le fond et les côtés — consistant en petites levées — doivent être étanches, imperméables, afin que ni l'urine contenue dans le fumier ni l'eau pluviale ne puissent s'infiltrer ou s'écouler ; il faut aussi empêcher l'accès de toute eau étrangère (eaux de source, eaux des gouttières, etc.). Tout le monde sait qu'on peut rendre le fond imperméable en le couvrant d'une couche d'argile ou de glaise bien corroyée et damée.

2. L'emplacement doit être plat et présenter une légère pente vers l'un des côtés ; à la partie la plus basse, on fait une fosse ou un réservoir assez grand pour recevoir tout le purin ou jus de fumier, qui s'amasse au fond et devient surtout abondant en temps de pluie.

3. On entretiendra toujours le fumier dans un état moyen d'humidité avec le purin, afin que la macération soit continue et uniforme et qu'il devienne ainsi de plus en plus riche en parties solubles. Cet arrosage peut facilement se faire à l'aide d'une pompe agricole portative, qu'on place à volonté sur la fosse à purin ou ailleurs.

4. Le fumier doit être étendu sur l'emplacement, lit par lit, et bien tassé afin que l'air ne puisse pas y avoir un trop facile accès et le dessécher ; uu tassement convenable et régulier favorise une fermentation régulière. On atteint ce but en le faisant fouler de temps en temps par le pied des bestiaux, qui peuvent y prendre leurs ébats : dans ce cas, on l'entoure d'une barrière mobile.

5. Pour empêcher la volatilisation des principes fertilisants, surtout de l'ammoniaque (alcali volatil) qui se dégage sous forme de gaz pendant la fermentation du fumier, principalement pendant la saison chaude, il faut

le couvrir d'une légère couche de terre meuble, tourbeuse ou humeuse, ou bien le saupoudrer de plâtre. Si les vapeurs ammoniacales se dégagent déjà, on peut l'arroser légèrement avec de l'acide sulfurique (huile de vitriol ou acide chlorhydrique très-étendu d'eau.)

Dans quelques contrées *on conserve le fumier à l'étable* en l'accumulant sous les bestiaux; cette méthode est surtout pratiquée dans la haute Lusace et en Angleterre, où elle est combinée avec le box-feeding (alimentation des animaux dans des boxes). Par ce mode de conservation, on obtient certainement une plus grande quantité de fumier, lequel est en même temps plus riche en substances fertilisantes que celui conservé à l'air libre. Voici les raisons de cette différence : le fumier y absorbe et retient plus d'urine ; le mélange de déjections et de litière, à laquelle on peut ajouter un peu d'argile sèche, étant toujours foulé, tassé, et la température étant toujours la même, la fermentation y est régulière, uniforme, paisible, point tumultueuse, et par conséquent il ne peut presque pas s'échapper de substances fertilisantes volatiles. Si l'on a soin de recueillir dans la fosse à purin l'urine non absorbée par la litière, le séjour dans ces étables n'est pas plus malsain pour le bétail que celui des étables ordinaires. Celui qui a de la litière en abondance ne rencontrera pas de difficultés sérieuses dans l'application de cette méthode — pourvu que l'étable soit assez haute — et, en peu de temps, il reconnaîtra qu'elle est avantageuse.

Changements et conservation de l'urine. La principale transformation que subit l'urine — transformation qui est plus rapide en été qu'en hiver — est facile à reconnaître par l'odeur piquante et désagréable qui s'en dégage.

L'urine fermente, se putréfie, et ses parties azotés (urée, acides urique, hippurique, etc.) se transforment en carbonate d'ammoniaque. Or cet alcali est déjà volatil à la température ordinaire et n'a qu'une faible affinité pour l'eau de l'urine, et il se perd très-rapidement si le purin est exposé à l'air libre, dans des trous ou des mares peu profondes. Une bonne fosse à purin doit donc être profonde, et pour le moins être couverte de planches ou madriers. Si l'on ne prend pas cette précaution, il peut facilement arriver que le liquide brun que l'on conduit dans les champs sous le nom de purin ne soit plus qu'une eau colorée et ne vaille pas les frais de transport, surtout si les eaux étrangères ont eu accès dans la fosse. Qu'on ne s'étonne donc plus d'entendre quelques cultivateurs se plaindre de l'inefficacité de leur prétendu purin : qu'ils commencent par se corriger de leur incurie, et ils rendront bientôt justice à la faculté fertilisante de cet engrais. Pour conserver au purin cette précieuse propriété, on y ajoute des substances qui transforment le carbonate d'ammoniaque volatil en sels fixes, et arrêtent ainsi le dégagement des vapeurs ammoniacales. Les réactifs qu'on emploie principalement dans ce but sont : les acides sulfurique et chlorhydrique, le plâtre, le sulfate de fer (couperose ou vitriol vert), des terres acides, tourbeuses ou marécageuses, etc. Si le cultivateur a plus de purin qu'il n'en peut utiliser sur son fumier ou dans ses champs, il devra s'en servir pour arroser des tas de composts préparés avec des terres acides, tourbeuses, etc. Cette préparation lui procure un triple avantage : les parties fertilisantes du purin sont fixées, l'eau s'évapore et n'occasionne ainsi aucuns frais de transport ; enfin, le terreau ou humus acide est peu à peu neutralisé

6.

par l'ammoniaque dégagée pendant la fermentation, et il devient fertilisant, de stérile qu'il était.

Mais les fosses à purin aussi doivent être complétement étanches, imperméables, afin que l'urine ne puisse en sortir, ni les eaux extérieures ou celles de fond y entrer, ce qui causerait de grandes pertes. On la revêtira donc de madriers, comme les fosses des tanneurs, ou bien d'une maçonnerie faite de pierres denses, non poreuses et de chaux hydraulique ; à l'extérieur, on l'entourera encore d'une couche d'argile ou de glaise bien corroyée et bien damée, et l'intérieur sera enduit de plusieurs couches de goudron de houille, ou de verre soluble ; on obvie ainsi à toute infiltration. Sans cette précaution, il s'établirait, à travers les pores des briques ou des pierres siliceuses, deux courants contraires : les eaux de source entreraient et seraient remplacées par le purin, de sorte qu'en peu de jours il y aurait une perte considérable sans que le volume du purin fût diminué. On construit, d'après le principe des pèse-liqueurs, des pèse-purin à l'aide desquels on peut constater, à chaque instant, la teneur du purin en matières fertilisantes. Ces instruments peuvent aussi servir à constater l'influence qu'exercent sur la composition de l'urine animale les différents fourrages et les diverses préparations qu'on leur fait subir. (On peut se procurer ce pèse-purin (Jauchewage) à Dresde, chez Schubert et Hesse, au prix de 2 fr. 82.)

§ 88. IV. Emploi et effet du fumier.

Épandage et enfouissage. Il est certain que le fumier enterré à l'état frais est utilisé moins vite, mais plus complétement qu'à l'état demi-consommé ou tout à fait décomposé, car la fermentation et la décomposition s'opèrent ici sous une couche protectrice qui a la propriété, commune du reste à tous les corps poreux, d'absorber et de retenir les produits gazeux et autres de la fermentation, jusqu'à ce que les racines des plantes viennent s'en emparer. De cette manière, on met aussi à la disposition des plantes les substances fertilisantes qui, dans les fosses ordinaires, se volatilisent ou sont dissoutes et entraînées par les eaux pluviales. Le labour exécuté pour enfouir le fumier frais ne doit pas être profond, car la décomposition est d'autant plus lente que l'accès de l'air atmosphérique est plus difficile, comme le prouvent au reste les plaques de fumier à apparence tourbeuse qu'on retrouve, un ou deux ans après l'enfouissage, dans les terres très-compactes. Pour ce motif il faut donc avoir soin que le fumier soit distribué convenablement et uniformément, d'abord sur la surface, ensuite dans toute l'épaisseur de la couche arable.

Le fumier frais se distingue du fumier fait en ce qu'il ameublit et réchauffe le sol plus que ce dernier, car, d'abord les parties pailleuses s'opposent à l'adhésion trop forte des terres compactes, que les gaz de la fermentation rendent plus poreuses ; ensuite, la chaleur développée par la fermentation se répand dans le sol, tandis que pour le fumier fait elle s'est produite dans la fosse et s'est perdue dans l'air. D'après cela, le fumier frais conviendra surtout aux sols froids et compactes, argileux et glaiseux, puisque, outre son action chimique fertilisante, il y exercera, à la manière des amendements, une action physique et mécanique bienfaisante. Dans de tels sols, il est aussi plus convenable de donner de fortes fumures, tandis que pour les sols légers, les fu-

mures répétées et à petites doses se sont toujours montrées
les plus avantageuses.

Quant à la rapidité d'action, le fumier frais le cède au
fumier *fait* ou vieux, par cette simple raison qu'il lui
faut d'abord du temps pour fermenter et se décomposer, et que son action ne commence à se faire sentir
que quand tous ces phénomènes sont en pleine marche,
tandis que le fumier vieux, ayant déjà subi toutes ces
transformations, offre tout de suite aux plantes des
aliments propres à l'assimilation. De là nous devons
conclure que le fumier frais convient mieux aux plantes
à longue végétation qu'à celles qui ne restent que quelques mois en terre, ainsi plutôt aux céréales d'hiver
qu'aux céréales d'été. Si sa décomposition et par conséquent son activité sont lentes, la durée de ses effets sera
naturellement d'autant plus longue et plus persistante.
Plus un fumier est vieux, plus son action sera prompte et
énergique dès la première année ; celle du fumier frais, au
contraire, se fera sentir davantage la deuxième année, et
dans les sols très-compactes elle s'étendra même jusqu'à
la troisième année.

Jusqu'ici on croyait qu'un long séjour du fumier
épandu sur les champs était très-désavantageux, parce
qu'on était persuadé qu'une notable partie des gaz
fertilisants, et les combinaisons ammoniacales, se dis-
sipait dans l'air. Mais des recherches récentes ont démontré que cette déperdition était insignifiante, quoique ce fumier, par suite de l'influence libre de l'air et
de la chaleur, éprouve une décomposition deux fois plus
rapide que le fumier qu'on enfouit immédiatement après
l'épandage. Ces expériences tout à fait pratiques ont
constaté que le fumier ainsi répandu produisait, la pre-

mière année, bien plus d'effet que celui qu'on enterrait tout frais, et que le sol même, sous l'influence bienfaisante de cette couverture, devenait plus meuble et plus friable. Cette action favorable du fumier laissé pendant quelque temps en couverture a été constatée non-seulement pour le fumier épandu ainsi en hiver, mais encore pour celui qu'on éparpillait sur les champs de trèfle destinés aux plantes oléagineuses d'hiver. Dans ce dernier cas, on procède de la manière suivante : on conduit et l'on épand le fumier après la première coupe de trèfle, et on le laisse ainsi jusqu'à ce que les jeunes pousses aient percé cette couverture ; on laboure ensuite le champ pour enfouir à la fois le fumier et le jeune trèfle. D'après cela on peut donc admettre que partout où la disposition du terrain ne favorise pas le lavage ou plutôt l'entraînement des substances fertilisantes par les eaux pluviales, l'avantage qui résulte de l'action plus prompte et plus énergique du fumier ayant séjourné pendant quelque temps sur la surface, compense grandement la perte provenant de la volatilisation et de la dispersion dans l'air des gaz fertilisants. Ce procédé mérite de fixer l'attention des agriculteurs : qu'ils l'essayent et l'emploient plus souvent, car c'est le moyen le plus simple et le plus avantageux de communiquer au fumier d'étable, si lent à se décomposer, une activité prompte et énergique, et par conséquent plus sûre dans ses effets. Il est aussi à présumer que cet épandage du fumier serait, dans la plupart des cas, préférable à un long séjour dans les fosses.

Mais il n'en est pas de même de la méthode qui consiste à charrier les fumiers longtemps d'avance pour les laisser ensuite en *petits tas* ou *fumerons* sur les champs ; elle offre des désavantages et des inconvénients de toute sorte, et l'on ne peut l'approuver que quand le froid est assez intense pour congeler l'intérieur des tas et en empêcher ainsi la décomposition. Si, par suite de circonstances particulières, l'on se trouve forcé de conduire le fumier dans les champs sans pouvoir l'enfouir ou l'épandre tout de suite, alors il faut le mettre en tas larges et peu élevés, que l'on dispose par couches alternatives de fumier et de terre; la dernière couche de terre, qui recouvre tout le tas, est bien battue et bien tassée. Avec ces précautions la fermentation est tellement ralentie, et les produits volatils de la décomposition sont si bien absorbés par les lits de terre, qu'il n'y a pas de pertes notables à craindre.

Engrais liqnides. L'urine n'est pas le seul engrais liquide qu'on répande sur les champs et les prairies; dans beaucoup de contrées on a fait un pas de plus: on délaye les déjections solides dans de l'eau, et après une fermentation convenable, on arrose les champs et les prairies avec ce produit. Ainsi, le *lizier suisse* se compose des excréments solides et liquides qu'on a laissés fermenter avec une certaine quantité d'eau; l'*engrais flamand* est formé de déjections humaines (vidanges) qui ont fermenté dans les fosses avec une addition de tourteau, d'eaux grasses et d'eau. Ce procédé ne peut être qu'avantageux, car, sous cette forme, la matière fertilisante se répartit plus également dans le sol, et de plus, la fermentation préalable l'ayant rendue soluble, il s'ensuit que son action est plus rapide, plus énergique et plus égale. Mais la difficulté de préparation et de transport s'opposera toujours à une application générale de cette méthode. En Angleterre cependant, on applique les engrais liquides en grand, surtout aux prairies et aux plantes fourragères;

on a obvié aux difficultés de transport des liquides, en les distribuant au moyen de tuyaux souterrains partant du réservoir de la ferme et aboutissant aux champs, où on les répand à l'aide d'un ajutage ou canon propre à cet usage. Mais on conçoit que les frais d'une telle fumure liquide dépassent de beaucoup les moyens d'un fermier ordinaire ; on ne peut donc pas conseiller sans réserve l'adoption de cette innovation, quoiqu'on en ait obtenu des résultats extraordinaires. Dans les années sèches, ce procédé permet aussi d'irriguer artificiellement les prairies et les champs.

Quant au purin, il faut le mélanger, avant de l'employer, avec une égale quantité d'eau, ou bien ne le répandre que sur les terres imbibées d'eau par une pluie récente. On sait que le purin, appliqué pur, exerce une action corrosive sur les jeunes plantes, mais c'est surtout le purin frais, non fermenté, qui produit cet effet.

Dose et effet du fumier d'étable. D'après les pratiques agricoles, on regarde comme *moyenne* une fumure de 240 à 300 quint. mét. par hectare, et comme *forte* une fumure de 400 à 500 quint. par hectare. Quant à la consommation de l'engrais, on admet pour un sol de consistance moyenne, où l'effet du fumier dure trois ans, les proportions suivantes :

Fumier frais, 1re année : 35 p. c.; 2e année : 40 p. c.; 3e année : 25 p. c.
Fumier décomposé, —   50   —   35   —   15 —

On comprend que ces nombres ne peuvent avoir qu'une valeur relative, car il est clair que le cultivateur qui vend des pommes de terre, du foin, de la paille, etc., a besoin, pour remplacer les matières enlevées à son sol, d'appliquer des fumures plus fortes que celui qui ne vend que des grains et du beurre. Il faut toujours se rappeler que *plus on enlève au sol, plus il faut lui restituer; plus une récolte est abondante, plus la fumure suivante doit être forte.* En outre, la dose des fumures dépend aussi de la quantité d'engrais que chaque espèce de plante enlève au sol, ainsi que du degré d'activité du sol, variable selon ses propriétés physiques et chimiques, et dont dépend la plus ou moins grande rapidité d'action de l'engrais. Ainsi, pour des végétaux qui comportent une forte fumure, comme, par exemple, les plantes oléagineuses, les betteraves, les choux, etc., la dose peut être portée avec avantage à 600, et même à 800 quint. par hectare. Bref, la dose de fumier dépend de beaucoup de circonstances très-variables et très-difficiles à déterminer, telles que la nature et l'état de décomposition de l'engrais, l'exigence de la récolte à laquelle on le destine, l'état d'épuisement où se trouve le sol et la facilité avec laquelle il peut décomposer l'engrais.

L'idéal que doit poursuivre tout bon cultivateur, *c'est de fumer au maximum chacune des plantes qu'il cultive,* c'est-à-dire de lui appliquer autant d'engrais qu'elle en peut supporter sans souffrir, afin d'arriver au point de n'avoir plus de soles à bout de fumure, mais seulement des soles riches, fécondes, en un mot *des terres en parfait état.*

Autres sortes d'engrais.

Voir, pour plus de détails, le *Traité des engrais et amendements* de M. G. Fouquet. (Bruxelles. — Émile Tarlier, 2 volumes in-12.)

§ 89. V. Composts ou mélanges préparés à la ferme.

Si l'agriculteur est à même d'incorporer à son sol plus de substances fertilisantes que n'en produisent ses bestiaux par leurs déjections, s'il peut le fumer *plus fort* et *plus souvent*, tous les deux ans ou même tous les ans, au lieu de ne le faire que tous les trois ou quatre ans, alors il obtiendra des récoltes plus abondantes et plus vigoureuses. Quant à la dose exacte de fumier que le sol peut supporter en général, et la quantité maximum utile qu'on peut appliquer dans chaque cas particulier, elles varient naturellement beaucoup, nous le répétons, selon le climat et selon la nature du sol, ainsi que des espèces de plantes qu'on cultive. Souvent le cultivateur n'est pas en état de résoudre cette question, à moins qu'il n'ait fait des expériences comparatives, en donnant à son champ d'essai, pendant une série d'années, des doses de fumure doubles, triples, etc., de la dose ordinaire. *Il est cependant d'une haute importance pour le cultivateur de connaître cette dose maximum,* mais surtout pour le fermier, qui est obligé de payer le même loyer pour l'hectare de terre, qu'il fasse une récolte entière ou seulement une demi-récolte, abstraction faite des frais généraux et des frais de culture, qui restent également les mêmes, que la récolte soit bonne ou mauvaise. De plus, ce qu'il regarde aujourd'hui comme une récolte pleine, entière, il

ne le considèrera peut-être plus comme une récolte maximum, après quelques années d'une culture plus soignée
et d'une fumure plus riche; car il est très-rare qu'une exploitation soit arrivée à un tel degré de perfection, qu'elle
ne puisse progresser encore au moyen des améliorations
déjà indiquées. *Se procurer le plus de substances fertilisantes possible, adopter un assolement qui enrichisse le sol, au
lieu de l'appauvrir, donner à son bétail une nourriture abondante et substantielle, conserver et traiter soigneusement
son fumier et son purin*, voilà les points vers lesquels
l'agriculteur devra principalement diriger ses efforts. Il
est naturel qu'il commence d'abord par les améliorations
les plus nécessaires et les plus faciles à exécuter. Or, tous
les débris et déchets animaux et végétaux, et presque
toutes les matières terreuses et minérales renferment
une ou plusieurs substances propres à l'alimentation des
plantes, ou au moins à l'amendement des terres. Qu'il
commence donc par rechercher ces matières, d'abord
celles qui peuvent se trouver dans l'intérieur de la
ferme, ensuite celles qui sont répandues à la surface ou
dans le sein de ses terres, et enfin celles qu'il peut se
procurer chez ses voisins, dans les villes voisines, et
même à de plus grandes distances. Ces recherches seront presque toujours couronnées de succès. Afin de les
faciliter, nous donnerons ici un résumé des principales
substances propres à augmenter la provision d'engrais
de la ferme, en mentionnant les éléments essentiels dont
elles se composent, et leur valeur approximative en argent, valeur qui varie naturellement beaucoup, comme
ces substances elles-mêmes.

1. *Déchets des animaux.* Les déchets provenant des
animaux sont les plus précieux de tous, car, à l'exception

de la graisse et du suif, ils contiennent en très-grande quantité les deux éléments les plus fertilisants des engrais, *l'azote* et *le phosphore*, qui, pendant la fermentation, donnent naissance à *l'ammoniaque*, à *l'acide azotique*, et à *l'acide phosphorique*, trois des aliments indispensables aux plantes. Dans la préparation des composts, ces dépouilles animales présentent encore cet autre avantage, par suite de la facilité avec laquelle elles se décomposent, de provoquer l'altération des autres substances avec lesquelles elles sont associées, et d'activer ainsi leur solubilité.

La chair, les peaux, les tendons, les entrailles et le sang contiennent, à l'état frais, environ 75 p. c. d'eau et 3 p. c. d'azote (ensuite vient le phosphore, etc.) ; leur valeur agricole est à peu près de 5 à 8 francs les 100 kilogrammes. Depuis quelque temps, on s'occupe aussi, dans les contrées maritimes, de réduire en poudre les débris de poissons, ainsi que les poissons de peu de valeur. Cette poudre (guano de poisson) peut être très-fertilisante et peut acquérir une grande importance agricole si elle est convenablement et consciencieusement préparée.

Râpure de cornes, sabots de cheval et de vaches, ergots de mouton, poils, cheveux, bourre, laine (déchets de fabrique, chiffons, tontisse), écailles et arêtes de poissons, etc. Ces déchets se décomposent difficilement ; à l'état sec, ils contiennent 9 à 12 p. c. d'azote ; leur valeur agricole est de 12 à 15 francs les 100 kilogrammes s'ils sont grossièrement divisés, et ils valent jusqu'à 20 francs, s'ils sont bien pulvérisés, ou s'ils ont été rendus solubles. Le *vieux cuir* et les rognures de peau ne contiennent que 5 à 6 p. c. d'azote ; les *pains de cretons*, les *rési-*

dus de colle d'os 2 à 3 p. c.; (pour les os et le noir animal, voir le § 90).

Hannetons et leurs larves (vers blancs ou mans), escargots, chenilles, etc. A l'état naturel, le hanneton contient environ 3 p. c. d'azote (et 7 p. c. d'eau), et les autres 1 à 1 et 1/2 p. c. Toutes ces substances renferment en outre une assez forte proportion d'acide phosphorique ; on peut donc les regarder comme des engrais très-fertilisants. 100 kilogrammes de hannetons (environ 275 litres) valent bien 6 fr.

Eaux grasses, saumure, eaux de lavage des filatures et des fabriques de draps. Toutes ces eaux contiennent, outre des substances animales, des sels de potasse et de soude; elles méritent donc d'être recueillies avec soin, comme on le fait, du reste, en Suisse.

2. *Débris et déchets végétaux.* Les déchets provenant des semences ont le plus de valeur ; ceux qui proviennent des tiges mûres en ont le moins, surtout ceux des tiges à consistancé ligneuse.

Tourteaux de graines oléagineuses (voir § 90).

Champignons, ferments, lie de vin, levûre de bière, ferment de vinaigre. Ces substances se rapprochent, par leur composition, des substances animales. Ainsi, l'agaric ou champignon des mouches (agaricus muscarius) contient à l'état sec 6 p. c. d'azote et 9 p. c. de substances minérales fertilisantes ; la lie et la levûre renferment encore une plus grande proportion de ces principes. Il va sans dire que si l'on considère les champignons à l'état frais, cette proportion diminue de beaucoup, puisqu'ils contiennent dans cet état 90 p. c. d'eau. Cependant il vaudra toujours la peine de les faire recueillir, si l'on peut avoir les 100 kilog. pour 1 fr. 50.

Écumes de défécations (provenant de l'épuration du jus de betteraves). Elles se composent de substances albumineuses coagulées, et de chaux. A l'état sec, quelques échantillons contiennent 1,5 à 2,5 p. c. d'azote, 4 à 8 p. c. de phosphate de chaux et 40 à 50 p. c. de carbonate de chaux. Celles qui ont une semblable composition valent 3 à 5 fr. les 100 kilog.

Eaux ammoniacales des usines à gaz. Suie. La propriété fertilisante et stimulante des suies est bien connue ; elle est due aux sels ammoniacaux qui se sont formés aux dépens d'une partie de l'azote des combustibles et se sont condensés dans la suie. La suie de houille est la plus riche ; sa valeur fertilisante, à l'état où elle sort des cheminées, est de 3 à 3 fr. 50 les 100 kilog. Les *eaux* qui ont servi à la purification du gaz d'éclairage contiennent du carbonate d'ammoniaque ; comme on peut les avoir souvent à un prix très-bas, même pour rien, elles peuvent servir avec avantage, comme l'urine, en guise d'engrais liquide, ou bien pour arroser les fumiers, les composts et surtout les composts tourbeux.

Feuilles, fanes, tiges, mousses, mauvaises herbes, etc. Les parties constituantes de ces plantes et de ces organes végétaux sont les mêmes que celles des plantes fourragères, lesquelles fournissent le fumier de ferme, après avoir subi un épuisement partiel dans le sein des animaux ; il est donc clair qu'elles doivent agir à la manière de ces dernières, lorsqu'elles ont subi une transformation analogue, par suite de la fermentation et de la putréfaction : peu importe que le phénomène se passe dans la couche arable, comme cela a lieu dans les fumures vertes, ou bien dans les tas de composts, à la manière du fumier qu'on fait macérer dans les fosses. Ils produisent même plus d'humus que les fourrages consommés, attendu qu'une partie considérable de la masse végétale disparaît dans le corps, partie qui, dans l'application directe des végétaux, se convertit également en humus.

Sciure et autres déchets de bois, chènevottes, etc. Ce sont des matières qu'il faut utiliser pour absorber les liquides et pour produire de l'humus, à la manière de la paille, dont elles se rapprochent beaucoup; seulement elles se décomposent plus difficilement et plus lentement, à cause de la résistance qu'oppose le tissu ligneux. Aussi faut-il activer leur décomposition en les mélangeant avec des substances très-putrescibles, telles que l'urine, les excréments, etc.; 100 kilog. de sciure de bois peuvent avoir une valeur agricole de fr. 1,25 à fr. 1,50.

Tourbe, lignite, vase, terre marécageuse. Le terreau ou humus acide provenant de ces masses végétales plus ou moins décomposées, perd son acidité si on le mélange avec de la chaux, des cendres de bois ou de tourbe, etc., et il se transforme en terreau doux, surtout si l'on favorise la fermentation par l'addition de liquides animaux très-putrescibles et par un renouvellement répété de l'air. C'est la décomposition à l'abri de l'air (sous l'eau ou sous une couche de terre humide) qui a donné lieu à l'acidité de ces substances, acidité qui est neutralisée peu à peu par la décomposition à l'air libre. L'état prospère des colonies qui se sont établies dans les marécages de la Frise orientale et d'Oldenbourg, et dans les limons tourbeux du Mecklembourg et de la Poméranie, prouve l'excellence de ces substances employées comme engrais et comme amendements; on ne les apprécie malheureusement pas encore assez. Elles sont d'autant plus précieuses pour la préparation des composts, qu'elles ont la propriété d'absorber une grande quantité de liquides, tels que le purin, les eaux grasses, les eaux ammoniacales, et d'en retenir les parties fertilisantes. On peut aussi employer les tourbes et les vases spongieuses comme litière pour les vaches et les porcs, et comme excipients et désinfectants des déjections animales et des vidanges. Les déchets pulvérulents de charbon de bois et de tourbe peuvent servir au même usage. Les cendres pyriteuses (riches en sulfure de fer) peuvent remplacer, après s'être délitées suffisamment à l'air, le plâtre sur les sols calcaires.

3. *Déchets terreux*. Les principaux sont à peu près les suivants :

Cendres de bois. Ces cendres renferment en grande quantité les deux substances minérales les plus fertilisantes, à savoir les sels de potasse (8 à 12 p. c.) et les phosphates (6 à 9 p. c.), indépendamment de la chaux et de la silice soluble. Les cendres provenant des essences feuillues sont préférables à celles des essences résineuses, parce qu'elles renferment plus de potasse et de chaux que ces dernières. 100 kilog. peuvent valoir de 2 fr. 50 c. à 4 fr. Les *cendres lessivées* ou *charrées,* ayant perdu une grande partie des sels de potasse et de soude, n'ont naturellement plus autant de valeur que les cendres non lessivées. *Les cendres de tourbe* et de *lignite* sont trèspauvres en potasse et en acide phosphorique, mais trèssouvent elles sont riches en plâtre, et alors elles agissent à la manière de celui-ci. *Les cendres de houille,* sur tout celles qui sont scorifiées, sont encore plus pauvres ; leur composition varie tellement, qu'on ne peut en déterminer la valeur qu'à l'aide d'une analyse. En général leur valeur agricole est de 25 à 60 centimes les 100 kilog.

Décombres, plâtras, torchis de démolitions. Les décombres provenant de murs de torchis (glaise et paille) sont riches en sels alcalins (souvent aussi en phosphates) qui, insolubles dans les matériaux primitifs, sont devenus solubles sous l'influence prolongée des agents atmosphériques ; ils renferment aussi de *l'azote soluble* (sous la forme de sels ammoniacaux et d'azotates). Il n'est donc pas étonnant que ces sortes de décombres produisent souvent autant d'effet que le fumier. — Les sels alcalins des glaises feldspathiques deviennent également solubles, si on les calcine légèrement, comme le prouvent du reste les briques légèrement cuites. *Le gravois de chaux, de mortier* peut être regardé comme une marne siliceuse ; il contient fort souvent encore d'autres substances minérales utiles.

Boue et poussière des routes empierrées ou macadamisées. Comme leur composition varie selon la nature des matériaux écrasés, il est évident que leur valeur agricole dépend de leur origine. Celles qui proviennent de pierres siliceuses, telles que le quartz, le schiste siliceux, etc., sont pauvres, tandis que celles qui proviennent de roches feldspathiques, telles que le basalte, le porphyre, le granite, l'albite, etc., sont riches en sels alcalins. La poussière des chaussées ferrées avec des pierres calcaires peut remplacer la marne ou la chaux, et servir ainsi d'amendement.

Les balayures des maisons, des cours, les boues des villes, etc. Tous ces produits peuvent être considérés comme des engrais complets, s'ils ont fermenté pendant quelque temps, car c'est un composé des matières animales, végétales et minérales les plus diverses.

Que tout cultivateur s'informe des résultats étonnants
que ses confrères belges savent atteindre avec ces matières trop généralement méprisées, et il s'empressera
certainement non-seulement de recueillir et de ramasser
les balayures et les boues de sa ferme, mais encore d'aller
en chercher dans les villes voisines, si la distance et les
frais ne sont pas trop considérables.

Curures des fossés, vases des étangs, des écluses, etc. Ces
matières peuvent avoir une valeur agricole fort variable :
tantôt elles ne valent pas le transport, tantôt elles marchent presque de pair avec le fumier. Les eaux qui traversent des contrées marécageuses, boisées, ou des terrains tourbeux, fangeux, ou des plaines basses et
sablonneuses ne fournissent d'ordinaire qu'une vase
très-peu fertilisante, dont on exagère généralement
la valeur agricole. Mais, par contre, les eaux qui des-
cendent des champs élevés et fertiles, celles qui traversent les villes et les villages, donnent des dépôts
limoneux très-fécondants, les premières ayant lavé et
entraîné une partie des substances fertilisantes des
champs, les secondes ayant reçu, à leur passage près des
habitations, des matériaux de toutes sortes qu'elles
charrient ensuite dans leur cours. Il en est de même des
atterrissements argileux et limoneux que forment quelques mers, surtout la mer Baltique, et qui constituent
les fertiles plaines basses qui longent ses côtes. Une
analyse chimique préalable est encore à conseiller ici,
dans l'intérêt de l'agriculteur. — Des différences analogues se manifestent dans les eaux d'irrigation, dont on
se sert pour féconder les prairies. Le cultivateur peut
lui-même analyser superficiellement ces eaux d'après les
indications du § 13 ; si elles donnent lieu à des réactions

acides, et si elles contiennent du fer en dissolution, elles sont plutôt nuisibles qu'utiles.

Déchets de fabriques, d'usines, etc. Il n'y a que l'analyse chimique qui puisse déterminer la valeur agricole de chaque déchet en particulier. Les *résidus de chaux* des tanneries — *pains de cretons* — sont très-fertilisants, parce qu'ils contiennent une forte proportion de poils et de rognures de peau. Les *résidus calcaires* des fabriques de soude et de gaz d'éclairage sont riches en chaux et en soufre; employés à l'état frais, ils exercent une action corrosive, mais si on les expose longtemps à l'air, ils se transforment en carbonate et en sulfate de chaux. Les *dépôts* des bâtiments de graduation (salines) sont riches en sulfate de chaux. Les *résidus* provenant de l'épuration des huiles contiennent beaucoup d'acide sulfurique. Le *schot* des salines et la *lessive épuisée* des savonniers sont riches en sulfate de soude, en chaux et en sel de cuisine; la lessive nouvelle des savonniers contient de la soude et de la chaux. (Pour la marne, la chaux et le plâtre, voir le § 90.)

Mais les déchets et résidus que nous venons de mentionner ne sont pas tous susceptibles d'être employés immédiatement comme engrais. Chez les uns, il faut modifier la constitution chimique, chez les autres, l'état physique, afin de pouvoir les mélanger facilement et uniformément avec le sol, et de produire ainsi un effet prompt et énergique. Cette transformation s'obtient d'une manière simple et peu coûteuse, en convertissant tous les déchets en composts, c'est-à-dire en les soumettant, après une division mécanique préalable, à une fermentation lente qui les décompose peu à peu en une masse friable, pulvérulente. A cette fin on saupoudre de chaux éteinte les substances fermentescibles — animales et végétales — on les mélange ensuite avec les substances minérales, ou, à leur défaut, avec une terre poreuse. On peut aussi disposer les différentes matières par couches alternatives. On arrose ensuite fréquemment les tas avec un liquide putrescible, tel que le purin, l'urine, le sang délayé dans de l'eau, les déjections humaines étendues d'eau, etc.; bref, il faut les traiter comme on traite le fumier. L'emplacement et la disposition des tas doivent aussi être pareils à ceux du fumier. Les tas de composts doivent être assez considérables, afin de conserver la chaleur développée par la fermentation, et de ne pas geler à l'intérieur en hiver. Après la première fermentation, il est bon de les retourner de temps en temps à l'aide de la bêche, afin de mettre toute la masse en communication avec l'air, lequel provoque une décomposition lente, comme dans les nitrières artificielles. Plus un compost est riche en débris et en déjections animales, solides ou liquides, plus il est fertilisant; si, de plus, il est vieux, bien décomposé, son effet se rapprochera de celui du guano : il sera prompt et énergique; de sorte qu'on pourra le répandre, comme celui-ci, sur les céréales, les prairies, etc. Mais que le cultivateur n'aille pas s'imaginer qu'il se forme de nouvelles substances fertilisantes dans les composts, qu'il se rappelle bien *qu'il ne s'y opère que des transformations :* s'il n'y met pas beaucoup de matières riches, il ne devra pas non plus en attendre de grands effets. Pour économiser les frais de transport, il devra concentrer ses composts, c'est-à-dire y mettre le plus de substances fertilisantes possible. Qu'il se persuade bien, ainsi qu'à ses gens, que chaque tas de compost est, pour ainsi dire, une caisse d'épargne à engrais, dans laquelle il doit déposer et réunir tous les débris utiles, quelque minimes qu'ils soient; en d'autres termes, que c'est une fabrique d'engrais, destinée à convertir les matières fertilisantes grossières, indécomposées, insolubles, en un engrais, friable, pulvérulent, soluble, assimilable, et d'en faire, par le mélange intime de toutes ces substances spéciales, un engrais, une nourriture végétale complète.

SUPPLÉMENT.

Parcage des moutons. Tout le monde sait que par *parcage* on entend le séjour nocturne des moutons sur un champ qu'ils doivent fumer par leurs déjections, et que dans ce but on les enferme dans un parc ou clôture formée de claies. Par cette pratique les engrais sont transportés dans les champs à peu de frais et sans dépense de litière, et l'on peut fumer ainsi promptement, quoique faiblement ou passagèrement, une grande surface. On peut parquer après comme avant les semailles. Dans ce dernier cas, il faut toujours labourer immédiatement après le parcage, afin d'éviter la déperdition des sucs fertilisants que pourrait occasionner le lavage opéré par les eaux pluviales. Presque tous les sols et toutes les plantes comportent le parcage; cependant, il faudrait l'éviter dans les sols argileux humides, dont la ténacité serait encore ainsi renforcée par le tassement occasionné par le piétinement des bêtes. On admet que les moutons peuvent parquer, en moyenne annuelle, pendant 200 nuits. Mais l'agriculteur qui veut ménager ses bêtes, ne les renferme pas dans le parc pendant les *nuits froides,* et celui qui tient à une *laine fine,* ne fait pas parquer *du tout.* Chaque parcage dure de 9 à 10 heures, et l'on compte 1 mètre carré par bête de taille moyenne. Les claies établies en carré donnent la plus grande surface relativement au nombre de claies employées. Si l'on compte 1 mètre carré par tête, 10,000 bêtes parquent 1 hectare dans l'espace d'une nuit, ou 1,000 bêtes dans 10 nuits, ou enfin 500 bêtes dans 20 nuits. En mettant seulement 800 bêtes par hectare, c'est-à-dire 1 bête par 1,25 mètre carré, on n'obtient qu'un parcage faible, égal à 160 ou 170 quint. de fumier de ferme ordinaire; 1 tête par mètre carré donne une fumure dont l'effet peut équivaloir à celui de 200 quint. de fumier; enfin 12,000 bêtes par hect., ou 1 bête pour 30 centimètres carrés, produiraient une bonne fumure, équivalant environ à 300 quint. de fumier d'étable.

Déjections des pâturages. Une vache moyenne qui trouve une nourriture abondante au pâturage produit, en 24 heures, 18 à 20 kilogr. de bouse, ainsi, en 165 jours et nuits de pâturage, 30 à 33 quint. Les déjections sont plus abondantes le jour que la nuit, aussi peut-on compter pour le jour 11 à 12,25 kilog. Si donc la vache ne séjourne pas la nuit dans le pâturage, elle y déposera pendant les 165 jours environ 18 à 21 quint. de déjections solides.

§ 90. Engrais du commerce.

Il y a 25 ans, l'agriculteur qui voulait améliorer la production de ses terres, n'avait à sa disposition d'autres engrais commerciaux que la paille, la chaux, le plâtre, les cendres, etc. Aujourd'hui il en est tout autrement, car il trouve maintenant en abondance, dans le commerce, des engrais bien plus fertilisants, de

8

sorte qu'il peut se procurer ainsi — par une voie bien plus courte, mais naturellement avec une plus grande dépense de capitaux — tous les avantages qu'un cultivateur intelligent sait tirer d'une grande provision de fumier. A l'aide de ces nouveaux engrais, il peut atteindre entre autres les résultats suivants :

a. Fertiliser rapidement les défrichements pauvres ;

b. Rétablir promptement dans leur état normal les terres épuisées ;

c. Porter, en peu de temps, les terres fertiles à leur maximum de fécondité et de productivité, ou, ce qui revient au même, adopter le système de culture le plus intensif ;

d. Passer d'un assolement à un autre et adopter le plus profitable sans inconvénients, sans troubles, sans contre-coup ;

e. Relever et stimuler les semailles d'automne pauvres, en retard ou ayant souffert d'une manière quelconque des rigueurs de l'hiver ;

f. Arriver promptement à une grande production de fumier naturel, etc.

Déjà dans l'introduction et à l'article *Engrais et fumure*, nous avons parlé du caractère spécial de ces engrais (engrais spéciaux) et de leur emploi dans l'agriculture en général. En voici les plus importants :

Guano. Le bon guano, c'est-à-dire le guano du Pérou, est un mélange intime des excréments solides et liquides de quelques espèces d'oiseaux marins, excréments qui, sans avoir été lessivés par les eaux pluviales, ont subi une fermentation et une putréfaction telles, qu'ils agissent aussi vite que le purin fermenté. Mais le guano a sur le purin l'avantage de contenir, outre une grande proportion de combinaisons azotées solubles, une quantité relativement considérable d'acide phosphorique (par contre, il est pauvre en potasse) ; il possède donc, outre une activité et une énergie extraordinaires, dues aux sels ammoniacaux, une aptitude singulière à favoriser la production des semences :

100 kilogr. de guano du Pérou pur contiennent 12 à 13 kilogr. d'azote, 11 à 12 kilogr. d'acide phosphorique (24 à 25 kilogr. de phosphate de chaux), et la moitié au moins de sa masse, surtout la partie azotée, est formée de combinaisons solubles. Si ces dernières ont été entraînées par les eaux pluviales, comme cela a eu lieu pour les guanos du Chili, du Mexique, de l'Australie et, en général, pour tous les guanos pauvres, la teneur en azote tombe à 1 ou 2 p. c., tandis que la teneur en phosphate de chaux monte à 60 et à 70 p. c. Ces guanos sont moins actifs, et ont par conséquent moins de valeur.

Pour faire l'essai du guano, on met 10 grammes (poids de 2 fr. en argent) dans une cuiller en fer qu'on chauffe au dessus de quelques charbons ardents : le bon guano du Pérou ne laissera que 2,5 à 3 gr. 75 de cendres d'un gris blanchâtre, tandis que celui du Chili en laisse 6 gr. 25 à 7 gr. 50. De même que ce dernier, le guano falsifié donne aussi plus de cendres ; si l'on s'est servi de glaise ou de sable comme moyens de falsification, la cendre sera d'un brun rouge. Pour échapper à la fraude et à la déloyauté qu'on pratique maintenant dans le commerce du guano, l'agriculteur prudent n'achètera cet engrais que chez des négociants recommandés pour l'excellence de leurs marchandises, ou bien après une analyse chimique préalable, faite par un chimiste-expert.

Le guano convient, avant tout, aux plantes oléifères et aux pommes de terre, ensuite aux céréales, etc. Avant d'employer le guano, il faut écraser les grumeaux et les diviser de manière qu'on puisse le passer à travers un crible ; on le mélange ensuite avec deux ou trois fois son poids de terre ; cette dernière doit être bien fine, sans être trop sèche cependant. Si on veut le répandre à l'aide d'une machine, on le mélange avec du plâtre. Sur le labour de semailles, on le répand deux ou trois jours avant les semences ; on herse ensuite légèrement, et l'on roule si le sol est léger. Les semailles se font ensuite comme à l'ordinaire.

Si le guano se trouve en contact trop intime avec les semences, il en détruit la faculté germinative, surtout si ce sont des graines de carottes, de betteraves, etc.; de même, il agit d'une manière corrosive sur les racines des jeunes plantes, chose qu'il faut surtout se rappeler quand on fait des semailles ou des plantations en lignes. Les pommes de terre ne sont pas aussi sensibles, aussi peut-on poser le tubercule immédiatement sur le mélange de guano, qu'on dépose par pincées ou par lignes dans la raie tracée par la charrue. Sur les prairies et sur les hortolages, l'application d'une dissolution de guano — 1 kilogr, par 80 à 100 kilogr. ou litres d'eau — a toujours été faite avec succès. Au reste, une pluie qui survient après l'épandage du guano en assure toujours l'effet, tandis qu'une sécheresse prolongée après l'épandage en arrête l'action et occasionne même une grande déperdition par la volatilisation des combinaisons ammoniacales. Dans les sols légers et secs ou arides, il faut toujours l'enfouir à la profondeur de 5 à 10 centimètres, c'est-à-dire assez profondément pour qu'il puisse trouver de l'humidité et se dissoudre ; cela doit surtout se pratiquer pour les céréales d'été. Quant aux céréales d'automne, on a trouvé avantageux de ne répandre en automne que la moitié de la dose, et l'autre moitié seulement au premier printemps, en couverture sur les plantes déjà développées. En suivant cette méthode, il faut appliquer le guano mélangé avec de la terre de préférence au guano pur. Pour une fumure complète, on emploie ordinairement 400 à 500 kilogr.; pour une fumure complémentaire en couverture, la dose est de 100 à 200 kil.; 100 kil. de guano produisent à peu près autant d'effet que 65 à 70 quint. de bon fumier de ferme. La chaux ne doit jamais être associée au guano.

Azotate (nitrate) de soude et sels ammoniacaux.

L'azotate de soude, connu vulgairement sous le nom de *salpêtre du Chili* ou des mers du Sud, est composé d'acide azotique et de soude (1) ; les sels ammoniacaux sont formés d'ammoniaque et d'acides. Le salpêtre chilien brut contient environ 16 p. c. d'azote ; le sulfate d'ammoniaque brut 17 à 19 p. c. C'est l'azote qui donne à ces deux engrais spéciaux cette activité presque instantanée qui devient déjà manifeste, visible, quand on les répand en couverture à la petite dose de 60 à 80 kilog. par hectare, surtout dans les sols légers, où le succès en est plus assuré que dans les sols consistants. Quant au genre de plantes, c'est aux céréales et aux graminées en général que conviennent surtout ces engrais, comme ils ne contiennent pas tous les principes alibiles néces-

(1) Le salpêtre ordinaire est composé d'acide azotique et de potasse.

saires aux végétaux, ils ne pourront jamais servir comme engrais complet : un champ toujours et uniquement fumé avec ces engrais finirait bientôt par s'effriter, c'est-à-dire par manquer de quelques principes essentiels. Mais ils peuvent très-bien servir comme des auxiliaires d'autres engrais lents et paresseux, tels que le fumier de ferme, la poudre d'os, etc. Ils sont aussi très-propres aux fumures supplémentaires, aux fumures en couverture. On ajoute ordinairement 100 à 110 kilogrammes de salpêtre ou de sels d'ammoniaque à une faible fumure de fumier ordinaire ou à 400 jusqu'à 600 kilogrammes de poudre d'os (par hectare). Pour obtenir une répartition égale dans l'épandage, il faut les diviser, puis les mélanger avec de la terre, comme on fait pour le guano. Une addition d'un poids égal de sel marin a été faite avec succès dans l'application de ce salpêtre ; ici une addition de chaux ne peut pas nuire non plus, *mais qu'on se garde bien d'ajouter de la chaux, soit au sulfate d'ammoniaque, soit à d'autres engrais fermentés, et contenant, par conséquent, de l'ammoniaque.* Quand on applique ces engrais, ainsi que tous ceux qui sont très-solubles, par doses successives, une moitié, par exemple, quand les plantes commencent à sortir de terre, l'autre moitié quelques semaines plus tard, leur effet est alors plus grand que quand on applique toute la dose en une fois. L'action de ces engrais ne dure ordinairement qu'une année.

Os en poudre. En moyenne, les os contiennent 30 à 36 p. c. de cartilage ou colle, dont 4 à 5 p. c. d'azote, et 50 à 55 p. c. de phosphate de chaux, dont 22 à 25 p. c. d'acide phosphorique. Les principes essentiels en sont donc les mêmes que ceux du guano ; seulement ils y existent dans des proportions différentes : dans les os, l'acide phosphorique domine, tandisque les combinaisons azotées n'occupent que le 2ᵉ rang ; de plus, ces dernières n'y sont pas encore assez désagrégées par la fermentation, et, en général, elles n'y sont pas aussi solubles que dans le guano ; il leur faut donc plus de temps pour produire leur effet.

L'agriculteur, surtout le fermier, doit tâcher de faire revenir dans sa caisse, le plus tôt possible, le capital consacré aux engrais et enfoui dans la terre ; il n'emploiera donc pas des os imparfaitement divisés, auxquels il faut plusieurs années pour subir un commencement de décomposition et même une dizaine d'années avant d'être consommés entièrement ; il se servira, au contraire, de poudre d'os très-fine, pulvérulente, qu'on vend maintenant sous le nom de *poudre d'os étuvés* (les os ont été dégraissés à la vapeur et sont devenus ainsi plus faciles à pulvériser). La valeur agricole de cette poudre surpasse celle des os simplement concassés d'au moins fr. 3-75 à 5-75 par 100 kilog. L'action en est encore plus prompte quand on rend le tissu osseux friable et soluble à l'aide d'acides. C'est ainsi que les Anglais emploient, pour fumer leurs turneps, une quantité extraordinaire de phosphate de chaux rendu soluble au moyen de l'acide sulfurique, produit qui porte le nom de *superphosphate* (c'est un phosphate acide de chaux). Ce *superphosphate* se fabrique et se vend maintenant aussi en Allemagne ; cependant il ne paraît pas produire dans cette contrée des résultats aussi satisfaisants qu'en Angleterre. Un moyen bien plus simple et cependant très-efficace de rendre les os solubles, c'est de les faire fermenter en les mélangeant avec du terreau humecté, et en les disposant ensuite en tas. — Les os calcinés (brûlés jusqu'au blanc) et les *charbons d'os* (noir de raffinerie ou *noir animal*) ne contiennent essentiellement que du phosphate de chaux avec un peu de carbonate de chaux, puisque le cartilage et son azote se sont décomposés et volatilisés au contact du feu. On les emploie avec beaucoup de succès, de même que les phosphates naturels (voir plus bas), en guise d'engrais complémentaires, auxiliaires des engrais très-azotés, tels que le salpêtre du Chili, les sels ammoniacaux, la corne râpée, le purin, etc. Mais il faut beaucoup de précautions dans l'achat de ces produits, car on les falsifie souvent avec du sable, de la chaux, de la terre, du plâtre, etc. Une bonne analyse chimique est la meilleure garantie contre les fraudes. A l'incinération, la bonne poudre d'os ne doit pas laisser plus de 60 à 65 p. c. de cendres ; de même, en les lavant avec de l'eau et en décantant, on n'y doit pas trouver de corps étrangers.

C'est en appliquant la poudre d'os, dans les sols de consistance moyenne, aux semailles d'automne, tant aux céréales qu'aux plantes oléagineuses, qu'on en obtient le résultat le plus avantageux et le plus certain. Les Anglais l'emploient surtout sur les prairies. Quand on l'applique aux pommes de terre et aux navets, il faut qu'elle soit très-fine et bien décomposée par la fermentation. Jusqu'ici on employait les os concassés à la dose de 800 à 1,200 kilog. par hectare pour une fumure entière, et l'on admettait que leur effet durait 4 années, dont la consommation respective était de 30, de 30, de 25 et enfin de 15 p. c.

Une dose de 600 kilog. de poudre bien fine, ou une dose de 300 kilog. de superphosphate suffit pour produire, la première année, le même effet que les 1,200 kilog. d'os concassées.

Quant aux phosphates naturels — cristaux d'apatite et de phosphorite, renfermés dans les granits, et coprolithes ou excréments d'animaux fossiles, ou nodules phosphatés, abondants dans la craie — nous avons déjà dit que leur composition essentielle se rapprochait de celle des os calcinés et du noir de raffinerie. L'apatite se trouve surtout en Espagne, tandis que les nodules sont très-abondants en Angleterre et en France ; traités convenablement, ils peuvent parfaitement remplacer les autres phosphates qui sont généralement plus chers. Pulvérisés et associés au fumier, ou fermentés avec d'autres substances animales, les nodules deviennent solubles et assimilables par les plantes, et donnent d'excellents résultats.

Tourteaux de graines oléagineuses. Ils contiennent en moyenne 80 p. c. de matières organiques, 4 à 5 p. c. d'azote et 6 à 7 p. c. de substances minérales, dont les principales sont les phosphates et les sels de potasse. Pour que les tourteaux produisent de l'effet, il faut une décomposition, une transformation préalable de leurs substances organiques en acide carbonique et en ammoniaque ; il ne faut donc pas les enfouir trop profondément dans le sol, afin que cette décomposition puisse s'effectuer avec le concours de l'air, de l'humidité et de la chaleur ; si elle a lieu près des semences, la causticité des tourteaux les brûle et en détruit la faculté germinative ; le contact ne doit donc pas être trop intime, et pour cela on les enterre avant les semailles. Une addition de chaux ou de cendres est avantageuse ici. Pour ce qui est de la rapidité d'action, les tourteaux se placent entre le guano et la poudre d'os : moins lents que les os, il sont moins actifs que le guano. Ils conviennent à toutes les plantes, mais particulièrement à celles dont ils proviennent, c'est-à-dire aux plantes oléagineuses et aux diverses variétés de navets. Comme fumure entière, on emploie 10 à 16 quintaux par hectare dont l'effet dure 3 ans et se répartit ainsi : 50 p. c. la 1re année, 30 p. c. la 2me, et 20 p. c. la 3me. Au reste, il est, dans tous les cas, plus avantageux de les utiliser, d'abord comme nourriture, et ensuite comme engrais.

Touraillons. Les mêmes remarques s'appliquent aux touraillons ou radicelles d'orge dont la teneur en azote et en substances minérales est à peu près la même, mais dont l'action est encore plus prompte.

Urates, poudrette, guano artificiel, etc. Tous ces engrais artificiels, dont le nombre augmente tous les jours, n'ont pas une composition fixe, comme les précédents; ils varient au contraire extraordinairement de composition et de qualité. Le cultivateur qui voudrait les employer ne devra s'adresser qu'à des fabriques réputées pour la bonté de leurs produits, et qui garantissent une teneur minimum des principes fertilisants les plus essentiels (azote et phosphore) et la solubilité immédiate d'une grande partie de ces principes.

Chaux et marne (chaulage, marnage). La chaux peut agir sur la végétation de différentes manières : comme aliment direct, comme base neutralisante des acides du sol, comme dissolvant de l'humus, comme élément réducteur des substances minérales, enfin comme amendement. A cause de cette multiplicité d'action, la chaux est, dans bien des cas, un agent puissant de production; cependant elle ne peut naturellement pas remplacer le fumier de ferme, mais elle le soutient dans son activité; c'est donc un amendement auxiliaire, complémentaire du fumier. Mais quand faut-il l'employer? Chaque cultivateur doit résoudre cette question en faisant des essais directs sur ses différents terrains. D'après les expériences agricoles, la chaux produit d'excellents résultats sur les sols argileux riches en humus, sur les défrichements, surtout sur ceux des forêts, des pâturages (riches en détritus végétaux non décomposés), et, quant aux cultures, sur le colza, le trèfle, les pois, les vesces, les pommes de terre, etc. Les praticiens saxons répandent 40 à 80 quintaux par hectare, dose qu'ils répètent tous les 6 ou tous les 9 ans; néanmoins le quart de cette dose, 10 à 20 quintaux, suffit dans les terres légères. On sait que le mètre cube de chaux pèse 800 à 850 kilog.

Dans la *marne*, la chaux est à l'état de carbonate, c'est-à-dire qu'elle est associée à l'acide carbonique; elle y est en outre mélangée avec du sable, de la glaise, de l'argile. L'action de la marne est à peu près analogue à celle de la chaux, seulement elle est plus faible et plus lente. Les marnes servent d'aliments aux plantes et d'amendements aux sols, dont ils peuvent modifier profondément la nature (voir § 12) quand on les applique en grande quantité, 1,000 à 2,000 quintaux, ou environ 60 à 120 mètres cubes par hectare, la marne argileuse sur les terres légères, et la marne sablonneuse sur les terres fortes, comme cela doit se faire dans tout marnage sainement pratiqué. Les résultats extraordinaires obtenus dans quelques contrées par les marnages devraient engager chaque fermier à rechercher les marnières dans ses terres, en faisant pratiquer des fouilles.

Quant à la composition des marnes, elle varie à l'infini : les unes contiennent 5 p. c. de carbonate de chaux, d'autres 30 p. c., d'autres enfin jusqu'à 80 p. c. et même plus ; quelques-unes contiennent en outre une proportion assez notable d'acide phosphorique, de potasse, d'humus, d'azote et d'autres substances fertilisantes, et se rapprochent ainsi quelquefois des engrais complets. Mais il y a aussi des marnes qui ne le sont que de nom, c'est-à-dire qui n'en sont pas du tout. Voilà des motifs suffisants pour recourir à l'analyse chimique, si l'on veut connaître avec quelque exactitude la nature et la valeur de ses marnes. Un moyen simple de reconnaître si une terre est de la marne, c'est d'y verser quelques gouttes d'acide chlorhydrique, et s'il n'y a pas d'effervescence, de boursouflement, on en conclura que ce n'est pas de la marne, le carbonate de chaux, qui est le principe actif de la marne, faisant alors défaut.

Plâtre (gypse, sulfate de chaux). Le plâtre renferme aussi de la chaux, mais ici elle est associée à l'acide sulfurique, qui constitue presque la moitié du poids du plâtre non calciné, forme sous laquelle on l'emploie en agriculture. L'acide sulfurique agit dans le plâtre comme à l'état libre, seulement son action est infiniment plus faible et plus lente. C'est à l'acide sulfurique que le plâtre doit la propriété d'absorber l'ammoniaque de l'air, de fixer l'ammoniaque du sol et du fumier, et d'en empêcher ainsi la volatilisation ; de faire passer l'ammoniaque insoluble de l'humus dans des combinaisons solubles ; d'agir d'une manière dissolvante analogue sur les substances minérales insolubles, surtout sur les sels alcalins. Son action ressemble donc à celle de la chaux, en ce que tous les deux sont des agents qui transforment les substances insolubles en aliments solubles et partant assimilables. Aussi le plâtre ne produit-il d'effet que sur des sols qui se trouvent déjà dans un bon état de fumure ; en outre, ces sols ne doivent être ni trop consistants ni trop humides ; cependant, un climat humide est plus favorable à l'action du plâtre qu'un climat sec. Où cette action est la plus évidente, c'est sur les plantes herbacées, riches en organes foliacés, tels que les trèfles et les plantes légumineuses ; aussi est-ce un engrais spécial pour ces plantes. Mais l'apparence peut quelquefois tromper ici : il arrive parfois qu'un trèfle plâtré, d'une végétation luxuriante, mais spongieux et boursouflé par l'eau de végétation, ne renferme pas plus de matières sèches qu'un trèfle qui n'a pas été plâtré. C'est un fait d'expérience que 400 à 800 kilog. de plâtre suffisent pour amender un hectare. L'époque la plus favorable pour le répandre, c'est le printemps, quand le trèfle a atteint une hauteur de 7 à 10 centimètres, et que ses jeunes pousses, recouvrent et ombragent complétement le sol. Le mètre cube de plâtre cru pèse 2,000 à 2,500 kil.

DES SEMAILLES.

Les conditions d'une bonne récolte sont : un sol bien préparé, de bonnes semences et de bonnes semailles, et le fermier qui remplit ces conditions est seul en droit de compter sur d'abondants produits. Faire de mauvaises semailles, c'est gaspiller, dissiper son argent ; des semailles bien faites assurent, au contraire, un bon revenu du capital employé. C'est donc une nécessité pour l'entrepreneur agricole d'exécuter les semailles dans de bonnes conditions. Ces conditions sont :

1º Employer de bonnes semences. Les qualités d'une bonne semence sont : le développement complet des grains ; une grande densité, c'est-à-dire le plus grand poids sous un volume donné ; enfin la pureté ou l'absence de tout mélange étranger, mais surtout des mauvaises herbes.

2º La similitude ou le rapport convenable qui doit exister entre le climat et le sol qui ont produit la semence, et le climat et le sol où l'on veut l'employer. Comme nous l'avons vu, moins les circonstances climatologiques et naturelles du sol sont favorables à la culture d'une plante, plus le changement répété de la semence sera avantageux.

3º Enfin l'époque convenable des semailles et les circonstances atmosphériques où elles s'effectuent. L'époque est convenable, bien choisie quand elle est en rapport avec la plante qu'on veut cultiver, avec les circonstances climatologiques sous l'influence desquelles celle-ci doit se développer, avec le sol qui doit porter la plante, avec l'état mécanique et physique dans lequel le sol se trouve, avec la destinée ultérieure de la plante, enfin avec la manière dont on exécute les semailles, et les soins d'entretien qu'exige la récolte pendant sa végétation.

Quant aux semailles des céréales, voici les points qu'il convient d'observer en Allemagne et dans toutes les régions agricoles analogues : le temps doit être sec sans être aride ; il ne faut jamais semer par les temps froids ou humides. Les semailles d'automne doivent se faire d'autant plus tôt que le sol est plus humide, plus froid ou plus pauvre ; au printemps, il faut au contraire commencer par les terrains secs et finir par ceux qui sont humides et froids. Puis, il faut que la quantité de semence soit en rapport avec les circonstances locales : le climat, l'époque des semailles, la nature et l'état de fertilité du sol, la nature de la semence, la manière de la semer et de l'enfouir, et enfin le but que l'on a en vue (ainsi le seigle cultivé comme fourrage demande plus de semence que celui que l'on cultive pour ses grains). La quantité de la semence devra être plus grande : 1° dans les climats froids et rudes que dans les climats chauds ou doux ; 2° en temps sec qu'en temps humide et chaud ; 3° dans les derniers jours d'automne et de printemps que dans les premiers ; 4° dans les terres fortes, humides et motteuses, que dans les terres douces, chaudes, bien meubles et fraîches ; 5° dans les terres pauvres que dans les terres riches ; 6° dans les terres propres, nettes que dans celles qui sont infestées par les mauvaises herbes ; 7° avec les grains mal formés ou à faculté germinative douteuse qu'avec des grains parfaits (1) ; 8° avec le semis à la main et à la volée qu'avec le semis à l'aide de machines et en lignes ; 9° quand l'enfouissement est profond que quand il est léger ; 10° quand la plante n'a qu'une courte période de végétation que quand celle-ci est longue, 11° enfin, quand on a pour but un grand développement des tiges et des feuilles plutôt qu'une récolte de grains, etc.

Un semis trop clair, qui laisse beaucoup d'espace inoc-

(1) Par quantité il faut entendre ici, non le volume, mais le nombre de grains qu'il faut répandre sur un hectare, car les grains pleins, bien formés occupent un plus grand volume que ceux qui sont mal venus, ridés, mal conformés.

cupé, et qui permet ainsi aux mauvaises herbes de prendre le dessus, est au moins aussi désavantageux qu'un semis tellement serré et dru qu'il ne permet pas aux plantes de se développer convenablement.

Enfin, on assure encore le succès des semailles en enfouissant la semence à une profondeur convenable, c'est-à-dire à une profondeur en rapport avec la facilité avec laquelle le germe perce son enveloppe ; plus cette écorce est épaisse, plus la semence doit être enterrée profondément et réciproquement ; mais il faut toujours que les semences de la même espèce, semées en même temps et dans le même sol, se trouvent à une égale profondeur. Les paragraphes suivants donnent les valeurs numériques relatives à ces divers points.

§ **91. Durée de la faculté germinative ; époque moyenne des semailles ; durée de la période de végétation des plantes agricoles les plus importantes ; avec l'indication de l'époque et du rendement des récoltes (1).**

Pour ce qui est de la durée de la faculté germinative des semences, nous avons dû prendre ici pour point de départ les procédés de conservation généralement en usage, et non les circonstances et les soins particuliers qui peuvent prolonger cette durée d'une manière extraordinaire. Partout où cette durée n'a pas été constatée par des expériences directes, nous avons supposé, pour plus de sûreté, qu'elle était d'une année seulement.

Pour la plupart des semences, le cultivateur fera bien de ne se servir que de celles de l'année, surtout pour les

(1) Pour faciliter les recherches, on a rangé les plantes par ordre alphabétique.

semailles de céréales, des légumineuses et des diverses espèces de trèfle.

Si, pour des motifs particuliers, il choisit des semences de deux ans ou même plus, — espérant par là que les germes des maladies, du charbon du blé par exemple, seront détruits — il doit alors en répandre une plus grande quantité, pour remplacer celles qui pourraient avoir perdu totalement ou en partie leur faculté germinative. Au reste, il sera toujours bon de faire un essai préalable des facultés germinatives des semences inconnues ou douteuses dont on voudra se servir. Pour cela, on place quelques graines entre deux morceaux de drap toujours humectés et exposés dans un endroit chaud : les bonnes graines ne tardent pas à germer, tandis que les mauvaises pourrissent.

Tableau donnant la quantité de semences à empl[...]

ESPÈCES DES PLANTES.	Poids moyen de l'hectolitre.	Durée de la faculté germinative.	ÉPOQUE moyenne des semailles.	QUANTITÉ de SEMENCE A RÉPANDRE par hectare.	
	Kilogr.	Années.	Noms des mois.	Hectolitres et litres.	Kilogram[mes]
Anis.	37 à 47	3	Mi-mars à mi-mai.	—	18 [...]
Avoine.	37 à 51	2 à 3	Mars (dans le sable). — Avril.	3,2 à 6,40	—
Awehl (variété de navette).	60 à 65	2 à 3	Août et commt de septembre.	20 centilitres.	—
Betterave fourragère. Betterave industrielle (à sucre, etc.). . .	21 à 26	4 à 6	Fin de mai et commt de juin.	—	10 à 15 en et 18 à 2[...] place (à la [...]
Cameline.	60 à 70	1	Fin d'avril, commencemt de mai.	20 à 24 centilitres.	—
Cardère.	38 à 42	2	Mars et avril ; repiquage : juillet à sept.	Plants : 50,000 à 80,000.	0,6 à [...]
Carottes	18 à 24	4	Mars et avril.	—	4 à 5 (à la [...] 2 à 3 (au s[...]
Carthame (safran) . .	56	1	Id.	46 à 92 centilitres.	—
Chanvre	51 à 56	4	Mai.	3,20 à 4,30	—
Chicorée	33 à 46	6 à 9	Avril et mai.	—	5 à [...]
Choux pommés (ch. quintal, gros cabus).	65 à 68	5	Mars-avril ; plantation fin d'avril et commt de juin	48,000 plants.	0,3[...]
Choux-navets . . .	Id.	5	Id.	36,000 à 48,000 plants.	2,4 à [...]
Choux-raves (rutabag.)	Id.	5	Id.	—	—
Citrouille	25 à 30	3 à 5	Mai ; plantation commt de juin.	—	0,9 à [...]
Colza d'hiver. . · .	60 à 68	3	Août.	13 à 20 litres.	—
Colza d'été	60 à 64	3	Avril.	13 litres.	—
Concombres champêtres	72 à 76	7	Mai et commencement de juin.	—	1,2 à [...]
Coriandre (nigelle). .	30 à 33	1	Mars et avril.	—	44 à [...]
Cumin (carvi). . . .	46 à 55	2 à 3	En couches, avril ; champs, fin juin.	—	9 à [...]
Féveroles	76 à 85	2	Mi-avril.	3 à 4 (en lignes 2, 5).	—
Froment, blé d'hiver.	76 à 80	3 à 4	Fin d'août et mi-octobre.	1,6 à 3,2	—

Rendements des plantes, etc., par hectare.

Époque de la récolte.	Rendement moyen par hectare.		Distance à laquelle les plantes doivent être cultivées.		OBSERVATIONS.
	En grains, racines, tubercules, etc.	En paille, filasse, feuill. sèches, fleurs, foin, etc.	Espacement des lignes.	Espacement des plantes sur les lignes.	
Noms des mois.	Hectolitr. et quint. mét.	Quint. mét.	Centimètr.	Centimètr.	
Juill. Août.	5-10-14 qx (1)	10 à 30	—	—	(1) Quand il y a trois nombres pour les rendements, le 1er se rapporte aux sols pauvres, le 2e aux bons terrains, et le 3e aux sols riches. Quand il n'y en a que 2, le 1er se rapporte aux terres moyennes, et le 2e aux bonnes terres.
Août. Sept.	15-19 et 38 h.	13 à 44	—	—	
Juin et comt juill.	12 à 21 h.	39 à 40	—	—	
Oct. Nov.	400 à 1,000 q. 300 à 400 qx.	60 à 200 (feuill. vertes). 50 à 60	60 à 80	40 à 50 (2)	
Août. Sept.	10 à 17 h.	20 à 39	—	—	
Juill. Août.	—	110,000 à 600,000 têtes.	47 à 63	26 à 31	(2) 9 à 10 kil. de porte-graines donnent 1 kil. de semence.
Oct. Nov.	150 à 300 qx.	16 à 20 qx.	30 à 46	13 à 15	
Juillet. Août et comt sept.	4 à 10 qx. 6-10-21 h. de semence.	90 à 200 k. (fl.) 13 à 14 q (filasse).	—	—	
Juill. Sept.	160 à 240 qx.	40 à 60 qx.	30	15	100 kil. de racines fraîches donnent 25 kil. de racines sèches. 12,000 à 20,000 têtes ; 16 porte-graines donnent 1 k. de semence.
Oct. Nov.	—	400 à 600	52 à 62	30 à 45	
Octobre. Id.	400 à 800 qx. Id.	80 à 120 (feuil.) Id.	40 à 78 Id.	36 à 46 Id.	
Fin Sept. comt Oct.	300 à 800 qx.	40 à 48 (vrill.), etc.	150-180-250	150-150-250	
Juin et comt Juill.	12,5-21-32 h.	24 à 48	46—62	10—16	
Septembr.	8,5—17	20 à 30	46—62	10—16	
Août. Sept.	234,000 conc.	48 à 72	—	—	1/100 de cornichons ; le reste pour la consommation immédiate, etc.
Id.	10 à 20 qx.	40	—	—	12 porte-graines donnent 1 k. de semence.
Fin juin et comt juill.	8-12-20 qx.	20 à 24	23 à 31	15 à 18	
Sept.-Oct.	15 à 32 h.	20 à 40	60 à 90	25 à 37	Semis à la ligne : 2 hectolitres à 2,5 hect. Semis avec la machine 1/4 de moins; en lignes 1/3 de moins; en poquets 1/2 semence. Dans les montagnes, le maxim. de semence.
Août.	15—21—30	20 à 60	18 à 20	7 à 8	

ESPÈCES DES PLANTES.	Poids moyen de l'hectolitre.	Durée de la faculté germinative.	ÉPOQUE moyenne des semailles.	QUANTITÉ de SEMENCE A RÉPANDRE par hectare.	
	Kilogr.	An- nées.	Noms des mois.	Hectolitres et litres.	Kilogr...
Froment { blé de printemps ou de mars.	71 à 78	3 à 4	Fin de mars et avril.	2,4 à 3,36	
épeautre d'hiver F. locar . .	42 à 47	2 à 3	Fin d'août et mi-octobre.	3,50 à 6,50	
épeautre de mars	Id.	Id.	Mi-avril.	4,30 à 6,75	
locular, en grain, petite épeautre.	42	Id.	1o Fin de mai ; 2o septembre jusqu'en mars.	3,20 à 4,30	
amidonnier d'hiver. . . .	Id.	Id.	Sept. et oct.	4,30 à 5,50	
amidonnier de printemps. .	Id.	Id.	Fin mars, avril.	5,40 à 6,50	
Garance (Rubia tinctoria)	Racines.	—	Mai.	160,000 rac.(1,800k.)	
Gaude	55 à 63	1	Août et sept. ou mars et avril.	—	11
Graine de canari (alpiste)	68 à 84	1	Avril.	20 à 40 centilitres.	
Haricots nains	85	2	Mai.	1 à 1,5 hect.	
Houblon.	Jets servant de plants.	—	Avril.	6,000 à 12,000 plants. ou 2,200 à 4,000 pieds.	
Lentilles.	80	2	Mars et avril.	1,3 à 1,60	
Lin	60 à 68	8	Avril et juin.	1,6 à 2,15	
Lupin bleu	76 à 81	2 à 3	Avril.	1,6 à 2,70	
Lupin jaune	Id.	Id.	Id.	1,0 à 2,15	
Lupin blanc	76	Id.	Fin mai et commencem.t de juin.	2,15 à 4,30	
Luzerne	64 à 76	3 à 4	Comm.t d'avril— fin mai.	—	18—29
Madia sativa.	42 à 51	4	Comm.t de mai.	—	9—15
Maïs, cultivé pour ses grains.	76	4	Fin d'avril.	0,54 à 0,80	
Maïs, en fourrage vert.	—	—	Mai.	4 (à la volée).	
Millet	68 à 71	2	Id.	0,27 à 0,40	

Époque de la récolte.	Rendement moyen par hectare.		Distance à laquelle les plantes doivent être cultivées.		OBSERVATIONS.
	En grains, racines, tubercules, etc.	En paille, filasse, feuill. sèches, fleurs, foin, etc.	Espacement des lignes.	Espacement des plantes sur les lignes.	
Noms des mois.	Hectolitr. et quint. mét.	Quint. mét.	Centimètr.	Centimètr.	
Août.	11—16—22	16 à 48	—	—	
Août.Sept.	21—64—86	20 à 50	—	—	100 kil. d'épeautre donnent 73 kil. de grain écossé ou privé de balles ; le grain se sème dans les écales.
Id.	13—42—68	20 à 32	—	—	
Juill.Août.	13—26—43	24 à 40	—	—	100 kil. donnent 70 kil. de grain net.
Août. Oct.	25—43	24 à 40	—	—	100 kil. donnent 75 kil. de grain net.
Id.	25—38	20 à 32	—	—	
Octobre.	Racines sèches 16-30 q.	20	46 à 62	15 à 18	5 k. de racines fraiches = 1 k. de racines sèches.
Juill.Août.	—	20 à 40	—	—	
Août.	6—8—13	8 à 20	—	—	
Fin juillet et août.	15—32	—	—	—	
Septembr.	10 qx. comme moyenne de 10 années.	16 à 24 qx. cônes.	150 à 180	150 à 180	
Août.Sept	8—15—21 h.	10 à 14	—	—	Semis clair, quand on le cultive pour le grain ; dru, quand on le cultive pour la matière textile.
Juill.Sept	6—13—21 h.	4à8qx.(filasse)	—	—	
Sept,Oct.	10—34 qx.	20 à 30 (foin).	—	—	En ligne 0,5 h. de semence.
Id.	8—33 qx.	20 à 30 (foin).	—	—	
Sept.Nov. Commt de sept.	15—21 qx.	400 à 600 qx. (engrais vert).	—	—	
Mai. Sept.	6—8 qx.	50 à 80 qx.	—	—	
Août.Sept.	17—21 h.	32 à 40	—	—	
Sept.Oct.	21—64 h.	40 à 80 qx.	62 à 78	12 à 15	
Juill.Août.	—	100 qx. fourrage sec. 400 à 500 q. fourrage vert.	—	—	
Août.Sept.	17—25—30	10 à 40 qx.	—	—	100 hect. de millet avec l'enveloppe donnent 60 h. de graines nettes.

ESPÈCES DES PLANTES.	Poids moyen de l'hectolitre.	Durée de la faculté germinative.	ÉPOQUE moyenne des semailles.	QUANTITÉ des SEMENCES A RÉPANDre par hectare.	
	Kilogr.	Années.	Noms des mois.	Hectolitres et litres.	Kilogr.
Moutarde blanche. . .	68	6	Mars et avril.	—	18
Navette d'hiver. . . .	68	3	Août et commt de septembre.	0,13 à 0,17	—
Navette d'été.	64	3	Juin.	0,20	—
Navets ou turneps . .	68 à 72	3	Mai ou juin.	—	3,5
Navets en récolte dérobée (nabusseaux).	68 à 72	3	Août et sept.	—	4,5
Oignons.	—	2	Semis et repiquage en avril.	—	7
Orge d'hiver (escourgeon)	52 à 60	2 à 3	Août et sept.	2,15	—
Orge d'été, la grande à deux rangs. . . .	60 à 63	2 à 3	Fin mars et commencemt de juin.	2,85 à 3,20	—
Orge d'été, orge quadrangulaire . . .	51 à 56	2 à 3	Fin avril. Mi-mai.	3,20 à 3,50	—
Panais.	21	2	Mars et avril.	—	30
Pastel (guède).	8,5 à 9,8	3 à 4	Sept. ou fin mars.	—	7
Pavot	60 à 65	2 à 3	Mars et avril.	—	1,8 à
Pois.	76 à 81	5	Id.	2 à 3	—
Pommes de terre . . .	76 à 85 (tubercules)	1	Mi-avril. Mi-mai.	17 à 26	—
Sainfoin (esparcette) .	33 à 38	3 à 5	Mars jusqu'à la fin de l'automne.	4 à 6,5	—
Sarrasin (blé noir) . .	60 à 63	2 à 3	Mi-mai et juin.	1,14 à 1,34	—
Seigle d'hiver	68 à 76	3 à 4	Fin d'août - oct.; dans le sable jusqu'en décemb	2 à 3	—
Seigle de printemps. .	68 à 76	3 à 4	Mars et avril.	2,50 à 3,25	—
Spergule.	60 à 64	2	Mai et septembr.	8 à 17	—
Tabac.	38 à 42	2	Semis: Mars, mi-mai; plantation: mi-mai et juin.	10,000 à 40,000 plants.	—
Topinambours	76 (tubercules)	1	Avril ou automne	13 à 17	—
Trèfle rouge commun.	76 à 85	2	Mars, avril, mai.	—	18
Trèfle blanc	68 à 76	2	Id.	—	13
Vesces.	72 à 79	3	Avril.	2,15 à 3,20	—

Époque de la récolte.	Rendement moyen par hectare.		Distance à laquelle les plantes doivent être cultivées.		OBSERVATIONS.
	En grains, racines, tubercules, etc.	En paille, filasse, feuill. sèches, fleurs, foin, etc.	Espacement des lignes.	Espacement des plantes sur les lignes.	
Noms des mois	Hectolitr. et quint. mét.	Quint. mét.	Centimètr.	Centimètr.	
Juill. Août.	8 à 24 qx.	40 à 42	—	—	
Fin juin et com^t juill.	10-15-21 h.	20 à 30	—	—	
Sept.	8 à 17	Rarement au delà de 10. 50 à 100 feuilles fraîches;	—	—	16 porte-graines donnent 1 kil. de semence.
Octobre.	600 à 1,200 qx.		60 à 75	30 à 45	
Oct. Nov.	300 à 600 qx.	30 à 50 qx.	—	—	
Août. Sept.	100 à 140 qx.	—	—	—	
Fin juin et com^t juill.	32 à 52 h.	24 à 36 qx.	—	—	
Août. Sept.	17-30-43 h.	14-24-36 qx.	—	—	
Août.	13-21-32 h.	10 à 24	—	—	
Oct. Nov.	Rac. : 200 qx.	20	—	—	
1re récolte : fin juin. 2e récolte : août-sept.	—	feuil. fraiches : 300 qx. id. préparées : 40 à 50 qx.	—	—	
Août.	13 à 21 h.	16 à 20	15 à 60	15	
Août. Sept.	13 à 17 h.	14 à 40	50 à 60	10	
Sept. Oct.	150-260-480	16 à 20 (fanes sèches).	60 à 75	40 à 47	
Juin, coupe principale en août.	17 à 26	24 à 50	—	—	
Sept. Oct.	13 à 32	10 à 24	—	—	
Juill. Août.	8-17-34	10 à 60	—	—	
Id.	13 à 26	24 à 44	—	—	12 porte-graines donnent 1 kil. de semence ; 4 gramme de semence par mètre carré.
Juin. Oct.	6 à 11	16 à 24	—	—	
Sept. Oct.	12 à 24 (feuilles sèches).	40 à 50 (tiges et déchets).	50 à 100	50 à 100	4,5 à 5 kil. de trèfle vert = 1 kil. de foin.
Récolte des tiges : Sept. Oct. Récolte des tubercules : Oct. et Avril.	120 à 320 qx.	30 à 60	60 à 75	30 à 45	Trèfle hybride : 12 à 21 kil. de semence.
Fin Mai. Sept.	3 à 5 qx.	30-50-80 qx. (foin).	—	—	Mélange de trèfle et d'herbe : 36 à 54 kil. (3/6 trèfle, 1/6 d'herbe non gazonnante et 2/6 pour garnir le fond).
Juin. Juill. (foin).	4 à 6 qx.	16 à 24	—	—	
Septembre.	15 à 22	16 à 32	—	—	Mélangé avec des céréales (dravières) comme fourrag. pendant l'été.

§ 92. Semis en planches; plantation et repiquage.

Pour les plantes qui doivent être semées en pépinière pour être repiquées ensuite, soit parce que les printemps sont trop froids ou les terres trop humides, M. Ebert fournit les données suivantes :

	Pour repiquer 1 hectare il faut semer :	Plants nécessaires par hectare.
Colza	0,40 à 0,50 kilog de semence.	160.000
Betteraves . .	2 à 2,50 —	75,000
Choux et navets.	0,20 à 2,50 —	60,000

§ 93. Nombre de plants nécessaires par hectare, selon les différents distances auxquelles on les repique.

DISTANCE		Surface occupée par la plante.	Nombre de plants par hectare ou 10,000 m. carrés.
entre les lignes.	entre les plants sur les lignes.		
MÈT.	MÈT.	M.CARRÉS.	PLANTS.
0.45	0.15	$0.45 \times 0.15 = 0.0675$	$\frac{10000}{0.0675} = 148148$
0.45	0.30	0.135	74074
0.45	0.45	0.2225	49383
0.45	0.60	0.270	37037
0.50	0.15	$0.50 \times 0.15 = 0.075$	$\frac{10000}{0.075} = 133333$
0.50	0.30	0.150	66666
0.50	0.45	6.225	44444
0.50	0.60	0.300	33333
0.60	0.15	$0.6 \times 0.15 = 0.09$	$\frac{10000}{0.09} = 111111$
0.60	0.30	0.18	55555
0.60	0.45	0.27	37037
0.60	0.60	0.36	27777
0.75	0.15	$0.75 \times 0.15 = 0.1125$	$\frac{10000}{0.1125} = 88888$
0.75	0.30	0.225	44444
0.75	0.45	0.3375	29629
0.75	0.60	0.45	22222

§ 94. Surface absolue nécessaire aux plantes agricoles les plus importantes.

Chaque plante cultivée a besoin d'un espace déterminé pour se développer conformément à sa destinée agricole. Plus les conditions indispensables à ce développement sont connues avec précision, plus le calcul du nombre des graines utiles est facile et exact dans ses résultats. Mais ces conditions préalables ne sont jamais données ou connues entièrement. C'est pour cela qu'il faut prendre un nombre de graines supérieur à celui qu'il faudrait employer, si toutes les circonstances étaient favorables. Aussi en comparant la petite quantité de semence qui serait nécessaire dans ce dernier cas, pour ensemencer un hectare, avec celle qu'on sème d'ordinaire, on trouve que, par suite des circonstances défavorables à la germination et à la végétation, le cultivateur est obligé de répandre 2, 3, 10 fois plus de graines qu'il n'en faudrait si toutes les circonstances leur étaient propices. Cette comparaison fera en même temps sentir au cultivateur combien il est important pour lui de faire tous ses efforts pour semer dans les meilleures conditions possibles et d'économiser ainsi la semence. Les dépenses pour les semences entrent, comme on sait, pour une grande part dans les frais de culture, et cela d'autant plus qu'elles sont plus chères. Voici, d'après Hlubeck, la surface absolue nécessaire aux diverses plantes agricoles.

NOM des PLANTES.	Surface nécessaire au complet développement de la plante.	Nombre de plants nécessaire par hectare ou 10,000 m. c.	Quantité de semence nécessaire par hectare, d'après les deux données précédentes.	QUANTITÉ MOYENNE qu'on répand ordinairement par hectare, à la volée.
	Décim. Cent. carrés. carrés.		Kilogr.	Kilogrammes.
Blé.	0,68	1,470,588	64	174
Seigle	0,55	1,818,181	40	183
Orge	0,48	2,083,333	88	192
Avoine	0,60	1,666,666	26	200
Millet.	0,68	1,470,588	5,5	27
Maïs	20,00	50,000	14,6	36 (en lignes).
Pois	1,36	735,294	102,0	220
Vesces	0,82	1,219,512	64,5	230
Féveroles. . . .	2,04	490,196	183,0	275
Lentilles	0,55	1,818,181	57,0	155
Sarrasin	0,68	1,470,588	14,50	73
Trèfle.	0,27	3,703,703	5,5	22
Luzerne.	0,48	2,083,333	7,0	22
Sainfoin.	0,27	3,703,703	72,0	183
Choux, betteraves	20,00	50,000	0,005	0,45 à 1,80
Carottes	0,68	1,470,588	—	5,50
Panais	0,82	1,219,512	—	36
Pommes de terre.	10,00	100,000	3765,0	1830-5500 (en lignes).
Spergule	0,13	7,696,969	5,5	55
Topinambour . .	20,00	50,000	1830,0	1320-2700 (en lignes).
Lin.	0,06	16,666,666	58,0	130
Chanvre	0,82	1,219,512	21,0	183
Colza et navette.	14,80	67,576	0,147	14
Pavot.	1,10	909,909	0,45	3,6
Cameline	0,82	1,219,512	1,30	13
Madia.	0,40	2,500,000	0,40	14
Garance.	10,00	100,000	—	—
Carthame. . . .	10,00	100,000	—	55
Moutarde	0,82	1,219,512	5,50	22
Cardère à foulon.	20,00	50,000	0,20	0,6 à 0,9

§ 95. Procédés de sémination : 1° avec les semoirs, en ligne et à la volée ; 2° à la main, à la volée.

En Allemagne, le semis à bras et à la volée est encore le plus généralement usité ; c'est le plus facile à pratiquer. On peut l'employer dans tous les terrains, qu'ils soient raboteux ou unis, en billons ou en planches, motteux ou ameublis ; enfin c'est le plus expéditif : avec cette méthode, on gagne beaucoup de temps. Dans les paragraphes précédents, nous avons donné les quantités de semence qu'exige ce procédé.

Outre cette méthode, on emploie aussi les machines ou semoirs. Avec les semoirs, on répand la semence 1° à la volée, c'est-à-dire uniformément sur tout le terrain, ou au moins en lignes très-serrées, qui ne permettent pas la culture des entre-lignes pendant la végétation ; 2° en lignes espacées à volonté, et dont on cultive et sarcle les intervalles pendant la végétation ; 3° en lignes discontinues, ou en poquets ou touffes (à l'aide des plantoirs).

On admet généralement que, comparativement au semis à bras, on gagne en semence :

1° Avec les machines semant à la volée $\dfrac{1}{6}$ à $\dfrac{1}{4}$

2° Avec les machines semant en lignes ou rayons $\dfrac{1}{4}$ à $\dfrac{1}{3}$

3° Avec les plantoirs $\dfrac{1}{2}$ à $\dfrac{3}{4}$

Les avantages des semoirs sont : 1° économie de la semence, 1/6 jusqu'à 3/4 ; 2° distribution uniforme et à égale profondeur des graines, et partant germination plus égale et plus hâtive ; 3⁰ meilleure et plus prompte utilisation des engrais pulvérulents, qu'on peut mettre ainsi à une portée convenable des semences et des jeunes plantes ; 4° très-grande facilité d'effectuer les sarclages, soit à bras, soit à l'aide de bêtes de trait ; 5° verse moins fréquente, tallage plus fort des céréales ; 6⁰ excédants de produits en qualité et en quantité.

En revanche ils présentent les inconvénients suivants : 1° prix élevé des machines, frais d'usure et de réparation très-grands ; 2⁰ ils exigent plus de façons et de labours préparatoires, sans lesquels ils ne pourraient fonctionner ; 3⁰ il faut presque une machine pour chaque espèce de semence ; ils nécessitent donc un matériel nombreux et compliqué ; 4⁰ ils exigent *plus de travail et de temps,* ils font donc moins de besogne en un jour. On ne peut pas s'en servir sur les sols non ameublis, ni sur les billons étroits ou fort bombés, ni avec le fumier long, etc.

Les semoirs les plus employés en Allemagne sont les suivants :

A. *Semoirs semant à la volée.*

1. *Semoir d'Alban.* Des cuillers implantées sur l'axe de rotation puisent la semence dans le réservoir et la projettent sur une planche inclinée d'où elle s'éparpille sur le sol. La grande machine d'Alban exige, pour fonctionner, deux hommes et un cheval ; elle sème par jour 8 à 9 hectares.

2. *Semoir de Thorn.* Il ressemble beaucoup à celui d'Alban et fait le même travail journalier ; ici ce sont des palettes qui puisent la semence et la distribuent en la projetant sur le plan incliné.

3. *Machine de Kaemmerer.* Des cuillers implantées sur

des anneaux rotatifs puisent la semence dans la trémie et la jettent dans des entonnoirs ou tubes conducteurs, d'où elle tombe sur une planche, pour s'éparpiller ensuite dans tous les sens. Si l'on supprime le plan incliné, cette machine sème en lignes. Avec ce semoir, 2 hommes et 1 cheval sèment très-uniformément 5 à 6 hectares; il peut aussi fonctionner sur les terrains en pente, pourvu qu'ils ne soient pas trop accidentés.

4. *Machine écossaise, à brosses.* Elle est surtout propre au semis du colza, du trèfle et d'autres graines fines analogues. Des brosses fixées sur l'axe rotatif chassent la semence à travers les ouvertures pratiquées dans l'arrière de la caisse, ouvertures qu'on peut agrandir ou diminuer à volonté, selon l'espèce de graine, au moyen d'une glissière ou planchette percée de trous correspondants. Tout l'appareil est supporté par 2 roues et peut être mis en mouvement par un homme ou par un cheval. Un tel semoir, embrassant une largeur de cinq mètres, et manœuvré par un homme et un cheval, peut semer par jour 7 à 8 hectares.

B. *Machines semant en lignes.*

1. *Semoir de Garrett.* Il n'est usité jusqu'ici en Allemagne que dans quelques rares exploitations où l'on sème les céréales en lignes. Or, comme la culture en lignes commence à se généraliser dans ce pays, cette machine et ses analogues y seront aussi employées davantage. — Les cuillers distributives, implantées sur des disques ou anneaux de l'arbre de mouvement, saisissent la semence et la jettent dans des tubes conducteurs composés d'entonnoirs qui s'emboîtent les uns dans

les autres; des tubes, la semence tombe dans des sillons creusés à l'aide de socs et refermés par un râteau. Les engrais pulvérulents peuvent être répandus en même temps que la semence. Les dispositions de la machine permettent de régulariser et de modifier à volonté le débit de la semence; elle peut fonctionner sur les sols en pente, pourvu que les accidents de terrain ne soient ni trop brusques ni trop répétés. Avec un semoir à 5 lignes, conduit par 2 hommes et par 1 ou 2 chevaux, on sème par jour 3 à 4 hectares.

2. *Semoir de William*, connu aussi sous le nom de semoir à colza de Hohenheim. En Allemagne, cette machine sert principalement pour le semis du colza et de la navette. La semence est renfermée dans des capsules ou lanternes en fer-blanc (2 cônes tronqués assemblés par leurs bases) d'où elle sort par des orifices pratiqués dans le renflement circulaire ou anneau, pour tomber dans les tubes conducteurs, puis à terre, où elle est enfouie à l'aide de petits socs qui creusent les sillons et de lames de fer qui les referment. On régularise le débit de la semence à l'aide d'un registre ou glissière en fer-blanc qui permet de changer à volonté les dimensions des ouvertures. Avec une telle machine à 3 tubes, servie par 2 hommes et 1 cheval, on sème journellement 4 à 5 hectares.

3. *Semoir de Burger*, spécialement destiné au semis du maïs et des féveroles. La semence, puisée par des entailles ou alvéoles pratiqués dans l'arbre ou axe moteur, est jetée dans des entonnoirs qui la conduisent dans les sillons creusés par des socs. Le débit est régularisé au moyen de brosses qu'on peut rapprocher à volonté de l'axe, et qui ne laissent dans les entailles que la quantité

de semence voulue. Avec ce semoir, servi par 2 hommes et 1 cheval, on sème par jour 1,25 à 2 hectares.

En Autriche, mais surtout en Bohême, c'est principalement le semoir de Horsky qu'on emploie maintenant.

C. Plantoirs à bras pour semer en paquets ou touffes.

Les plantoirs sont encore peu employés en Allemagne. Les plus répandus et les meilleurs sont ceux de Nichol, de Newington et de Le Docte. Dans tous les trois, la semence, placée dans de petits réservoirs, s'écoule par un ou plusieurs tubes dont l'orifice s'ouvre et se referme à volonté, à l'aide de soupapes qui laissent ainsi tomber la semence, à un moment donné, dans des trous creusés par les tubes eux-mêmes. Un homme et 2 enfants plantent par jour, avec cet instrument, 0,66 à 1,25 hectare.

Au § 23, nous avons donné le prix de ces diverses machines. Avant d'adopter définitivement le procédé de sémination avec des semoirs, le fermier devra faire entrer en ligne de compte, d'un côté le prix d'achat, l'usure et les frais de service des machines, et l'excédant des labours et autres travaux préparatoires que leur emploi exige; de l'autre, leur travail effectif, l'économie de semence, l'avantage d'une meilleure préparation des terres, la distribution uniforme des semences, l'enfouissement simultané des semences et de l'engrais, puis il devra comparer le résultat au semis à la main, qui est peu coûteux et applicable partout, mais qui demande, par contre, beaucoup de semence, la répartit mal sur et dans le sol, et laisse ainsi des espaces vides ou mal garnis, etc. (voir plus haut). *De bons semoirs ont souvent remboursé leur prix d'achat dans l'espace d'un ou de deux ans, par l'économie de semence qu'ils ont permis de réaliser,* et il en sera ainsi chaque fois que les grains seront chers et que les domaines, du reste favorables à l'introduction des machines, seront un peu considérables.

§ 96. Procédés employés pour recouvrir les semences ; profondeur à laquelle il faut les enfouir.

On sait qu'il y a différents procédés pour enfouir la semence : on peut la recouvrir avec la charrue, la herse, la rabattoire, l'extirpateur et enfin avec une charrue faite exprès, ou bien l'on se contente d'un simple roulage. Des expériences faites depuis les temps les plus reculés jusqu'à nos jours, ont démontré que plus on enterre profondément les semences, plus elles germent et lèvent difficilement, lentement et, par conséquent, plus la réussite en devient incertaine.

La plupart du temps, un enfouissement léger a, sur l'enfouissement profond, l'avantage d'une prompte germination, d'une formation rapide et sûre des racines et d'un développement énergique de la plante, dans la supposition toutefois qu'on sème, non dans un sol rude ou seulement divisé mécaniquement, mais dans un sol doux, mûri et ameubli par l'influence de l'atmosphère. Les grosses semences, à enveloppes épaisses et à germination lente, exigent une couverture plus forte que les semences fines, à écorce légère et germant rapidement. Dans les sols légers, secs, comme par exemple les sables mouvants, un profond enfouissement est de toute nécessité ; dans ce cas, on enterre la semence, même les céréales, à 3 et même à 4 centimètres de profondeur, ce qui se pratique au moyen d'un labour léger. Partout ailleurs, il faut renoncer à l'enfouissage à l'aide de la charrue (1). Dans les terres fortes et consistantes, il ne faut recouvrir les semences que légèrement ; celles qui doivent être à une profondeur de 2,5 à 5 centimètres sont enfouies le plus convenablement avec l'extirpateur — qui sert surtout aux semis de printemps — ; celles d'une profondeur de 1,5 à 2,5 centimètres avec la herse ; les trèfles et autres semences fines analogues sont simplement pressées contre le sol par un roulage. Pour l'enfouissement le plus convenable des diverses semences, on admet les profondeurs suivantes :

Blé	26 à 40	millimètres.
Seigle	13 à 26	—
Orge	26 à 40 et même 52	—
Avoine.	20 à 26 —	—
Pois	40 à 52	—
Vesces	26 à 40	—
Féveroles.	40 à 52	—
Maïs	40 à 52	—
Betteraves	20 à 26	—
Graines oléagineuses.	7 à 13	—
Graines de trèfle . .	7 à 13	—

(1) Il va de soi qu'il y a des exceptions. Ainsi, en 1844, M. E. Stœckhardt fit même enterrer, à la charrue, dans un sable glaiseux, des pois qu'il avait semés directement sur le fumier épandu, et il obtint une récolte magnifique. Cependant ce ne fut que le concours de diverses circonstances de temps et autres qui le détermina à prendre cette mesure, et assura la réussite dans ce cas spécial.

FORMATION DES PRAIRIES ET DES PATURAGES.

Tout cultivateur intelligent devra examiner par quel ensemencement il pourra obtenir le plus de produits de ses herbages, et, dans cet examen, il procédera comme pour ses terres arables. Dans les prairies permanentes comme dans les prairies temporaires, on peut augmenter les rendements d'une manière extraordinaire, et à peu de frais, en faisant un choix de graines appropriées au climat, au sol et à leur destination ultérieure dans la ferme, tandis qu'une négligence ou une faute sur ce point peuvent amener une disette ou au moins une pénurie de fourrages, surtout dans les prairies temporaires. Le fermier qui, par suite de circonstances locales, doit porter une attention toute particulière sur cette branche de son exploitation, trouvera de bons renseignements dans l'ouvrage allemand de M. Hanstein intitulé : *La famille des graminées et son importance dans la culture des prairies*. Quelques-unes des données qui suivent sont tirées de cet auteur.

§ 97. Règles pour l'amélioration et le renouvellement des prairies.

Plus les bonnes espèces de plantes fourragères sont variées et nombreuses dans une prairie, plus la valeur de cette prairie est grande. En général, il faut que les graminées dominent dans l'établissement de nouveaux prés ; on ne doit donc pas ajouter une trop grande quantité des diverses espèces de trèfles, parce que ces dernières, disparaissant peu à peu, laisseraient bientôt des vides ou des endroits faiblement garnis. Le trèfle blanc et le trèfle vivace ou pérenne sont ceux qui conviennent encore le mieux, surtout dans les sols peu favorables aux graminées. Relativement au grand nombre des espèces de graminées peu connues, c'est en général un petit nombre qui forme le fond de nos prairies ; mais elles sont très-mélangées et se trouvent réparties pêle-mêle sur toute la surface. C'est un avis, une leçon pour le cultivateur qui désire avoir un bon engazonnement et beaucoup d'herbe : semer beaucoup d'espèces et bien opérer le mélange, voilà la première conclusion qui en découle et dont il faut profiter.

Une bonne prairie doit donc se composer de beaucoup de graminées et d'un petit nombre d'autres plantes fourragères, et si l'on veut établir de nouveaux prés, il faut choisir les semences d'après la nature du sol et son degré d'humidité, les semer en quantité suffisante et dans les proportions où elles se trouvent dans les bonnes prairies. On n'y ajoute des semences d'autres plantes fourragères que là où les circonstances locales l'exigent. Le nombre des plantes de trèfle doit être limité, tandis qu'il ne faut pas ménager les semences de graminées, afin d'avoir un nombre de plantes suffisant sur une surface déterminée. Il est très-important d'avoir égard, dans l'ensemencement, au nombre de graines contenues dans 1 kilog., car on ne peut s'attendre à un bon engazonnement que s'il y a 7,000 à 8,000 plantes par mètre carré.

Le tableau du paragraphe suivant donne le poids des graines de graminées les plus importantes, ainsi que les espèces et les variétés qu'il faut semer pour former de bonnes prairies permanentes.

§ 98. Mélanges des plantes les plus convenables pour la formation des prairies.

La quantité et les espèces de graines à employer ne peuvent pas être fixées d'une manière absolue; néanmoins, le fermier intelligent saura mettre à profit les données suivantes, en augmentant ou en diminuant les espèces et la quantité suivant les exigences des circonstances locales et spéciales. Il est rare que le temps et la multiplicité des occupations laissent au fermier assez de loisir pour pouvoir déterminer d'une manière absolue et par ses propres expériences les espèces et le poids des graines qui conviendraient le mieux à son sol. Mais s'il possède des données générales, appuyées sur des faits d'observation et d'expérience, il saura toujours les approprier aux circonstances où il est placé. Le tableau suivant, composé d'après celui que Hanstein a publié pour la Hesse, présente donc des données très-utiles à consulter par le fermier qui veut renouveler des prairies en décadence. Nous ne parlerons pas ici de l'établissement de nouveaux prés sur les terres arables, parce que le fermier se trouve rarement dans la position d'en établir : d'abord parce que le plus souvent les stipulations du bail s'y opposent, et ensuite parce que, dans un bon système d'assolement, les prairies artificielles temporaires sont plus avantageuses que les prairies permanentes, quand le sol de celles-ci se prête à la culture.

TABLEAU.

POIDS DES SEMENCES DE PRAIRIES.

TABLEAU. — *Poids des semences de prairies ; no[...]*
et de la maturité ; ren[...]

NOMS DES ESPÈCES.	POIDS approxim. par hectolitre.	NO[...] approx. d[...] conte[...] dans 1[...] (Hans[...]
	KIL.	
Agrostis stolonifera. Agrostide traçante ou traînasse.	22.55	6.72[...]
— vulgaris. Agrostide vulgaire.	22.26	8.83[...]
Alopecurus pratensis. Vulpin des prés. . . .	10.21	70[...]
Anthoxanthum odoratum. Flouve odorante . . .	51.06	1.14[...]
Arrhenatherum avenaceum. Arrhénathère. Ray-grass de France (avena elatior, fromental).	11.06	12[...]
Avena flavescens. Avoine jaunâtre	5 96	2.04[...]
Baldingera arundinacea	23.20	1.60[...]
Briza media. Brize moyenne (amourette, grelot). . .	6.80	1.79[...]
Bromus mollis. Brome mollet ou doux	11.06	1.60[...]
Cynosurus cristatus. Crételle	28.17	1.28[...]
Dactylis glomerata. Dactyle pelotonné	12.76	73[...]
Festuca duriuscula (rubra). Fétuque traçante. . .	16.38	64[...]
— elatior. — élevée . . .	23.62	32[...]
— ovina. — ovine . . .	22.80	4.99[...]
— pratensis. — des prés . .	22.80	54[...]
Holcus lanatus. Houlque laineuse (Houque) . . .	6.52	1.05[...]
Lolium italicum. Ivraie ou Ray-grass d'Italie . . .	22.98	40[...]
— perenne. Ivraie vivace ou Ray-grass d'Anglet.	22.98	44[...]
Phleum pratense. Fléole des prés (Timothy) . . .	51.27	1.72[...]
Poa nemoralis (angustifolia). Paturin des bois . .	12.76	4.00[...]
— pratensis. — des prés . .	12.80	2.56[...]
— trivialis. — commun . .	22.80	4.00[...]

*...s contenues dans 1 kilogr.; époque de la floraison
...ines et en tiges (paille) par hectare.*

ÉPOQUE		Rendement moyen d'après les expériences faites à Hohenheim.		Rendement moyen (d'après Sinclair).		
	de la maturité des graines.	Graines.	Tiges ou paille.	En herbe fraîche.	En herbe sèche.	En regain vert.
		KILOG.	QUINTAUX	QUINTAUX	QUINTAUX	QUINTAUX
...et.	Août et sept.	224	24	215	95	33
.	Id.	—	—	—	—	—
...juin.	Juin, comm. juill.	110	11	249	75	99
.	Juin.	—	—	95	24	83
...n.	Fin juin, c. juillet.	83	24.75	208	78	167
.	Juin et juillet.	247	15.50	200	35	50
...l.	Juillet.	—	—	333	150	—
...t juil.	Juillet et août.	—	—	176	38	100
...in.	Fin juin, c. juillet.	—	—	133	67	—
...t juil.	Juillet et août.	230	12.75	78	22	42
...l.	Id.	146	9.25	341	145	146
...in.	Juillet.	—	—	225	101	123
...let.	Fin juillet, c. août.	340	17	624	219	191
...in.	Juillet.	708	10.50	66	—	42
...d.	Id.	302	16	166	79	—
...et juil.	Id.	—	—	233	76	83
...in.	Juillet et août.	485	30	—	—	—
...sept.	Id.	425	17.5	95	21	42
...t août	Septembre.	238	31	500	212	116
...in.	Juillet.	—	—	112	48	—
...d.	Juillet et août.	210	15	125	35	50
...d.	Juillet.	—	—	94	27	58

TABLEAU

donnant les mélanges les plus convenables, selon les terrains.

NOMS DES ESPÈCES.	QUANTITÉ A SEMER par hectare.				Nombre approximatif des graines contenues dans 1 kil. En retranchant les trois derniers chiffres, on a le nombre contenu dans 1 gram.
	Sol sec et peu fertile.	Sol sec mais fertile.	Prairies irriguées.	Sol frais et fertile.	
	KIL.	KIL.	KIL.	KIL.	
Agrostis stolonifera. Agrostide traçante . .	2	2	4	4	2,271 800
» vulgaris. » vulgaire. .	2	—	—	—	8,832,000
Alopecurus pratensis. Vulpin des prés . . .	—	2	12	20	620,000
Anthoxanthum odoratum. Flouve odorantes.	1	1	1	1	1,516,600
Arrhenatherum avenaceum. Arrhénathère.	2	20	8	2	185,900
Avena flavescens. Avoine jaunâtre.	2	4	4	4	2,048,000
» pubescens. Avoine pubescente . . .	8	—	—	—	224,000
Briza media. Brize moyenne.	2	—	—	—	1,792,000
Bromus erectus. Brome.	10	—	—	—	56,000
Cynosurus cristatus. Crételle	2	4	4	—	136,400
Dactylis glomerata. Dactyle pelotonné . . .	8	20	16	8	506,600
Festuca duriuscula. Fétuque traçante. . .	4	4	—	—	807,300
» ovine. » des brebis. .	4	—	—	—	4,992,000
» pratensis. » des prés. . .	10	20	20	20	467,100
Lolium perenne. Ivraie vivace (Ray-g.). .	20	20	20	8	587,000
Koeleria cristata. Koeléric à crête.	2	—	—	—	2,560,000
Phleum pratense. Fléole des prés (Timothy).	2	8	8	12	1,625,000
Poa pratensis. Paturin des prés	8	8	2	—	2,560,000
» trivialis. » commun	—	4	10	12	3,170,000

A ces mélanges il faut ajouter par hectare tout au plus
8 à 10 kilogr. de trèfle blanc (Trifolium repens) et 4 à
5 kilogr. de trèfle rouge des prés (Tr. pratense). Une partie
de cette quantité peut être remplacée avec avantage par

du trèfle hybride (Tr. hybridum), surtout si le sol est humide et riche. On peut encore ajouter, en petite quantité,
sur des sols profonds, la vesce des haies (Vicia sepium);
sur des sols calcaires, de la luzerne et du sainfoin (Medicago sativa et Hedysarum onobrychis); sur un sol sec, de
la lupuline ou minette (Medicago lupulina), la pimprenelle
(Poterium sanguisorba), le millefeuilles (Achillea mil-
lefolium); quelques-uns y ajoutent encore du plantain
lancéolé (Plantago lanceolata). Pour les sols humides on
ajoutera : la vesce à bouquets (vicia cracca), la gesse des
prés (Lathyrus pratensis), le lotier corniculé (Lotus cor-
niculatus) et du cumin (Carum carvi). Ces additions ne
doivent être faites que dans les proportions de 2 à 4 kilog.
par hectare. Selon la destination ultérieure du fourrage—
nourriture des bêtes de trait ou de rente, etc., — on fait
dominer les plantes à tiges élevées et pourvues de nombreux organes foliacés, ou bien les plantes gazonnantes
qui garnissent le fond des prairies.

§ 99. Formation des prairies et des pâturages temporaires (alternes).

Dans beaucoup de contrées, le trèfle forme aujourd'hui
la seule ou au moins la principale plante fourragère cultivée dans les terres arables ; cependant, l'incertitude de
sa réussite dans beaucoup de cas et la difficulté de le
faire revenir trop souvent dans le même champ ont
beaucoup contribué, surtout dans ces derniers temps, à
l'introduction des graminées fourragères dans les asso-
lements, soit en mélanges, soit séparément. Cette culture
des graminées fourragères a surtout pris une grande
extension en Angleterre, pays dont le climat et les sys-

11.

tèmes de culture qui en dépendent sont particulièrement favorables à ce genre de récoltes. Les agriculteurs anglais sont donc les maîtres que les cultivateurs allemands doivent consulter en cette matière, en tenant compte toutefois de la différence de climat, qui est d'autant plus grande que les régions agricoles s'éloignent davantage de la mer pour se rapprocher du centre du continent européen (1).

Il existe une différence essentielle entre l'ensemencement des prairies permanentes et celui des prairies temporaires, c'est que pour ces dernières on ne cherche pas à former un gazon proprement dit, mais seulement à cultiver temporairement une ou plusieurs graminées, choisies d'après leur destination et leurs produits. Ces graminées doivent remplir les conditions suivantes : développement prompt et sûr, récolte abondante, grande valeur nutritive, destruction et extirpation facile par les labours. Elles ne doivent donc pas se multiplier facilement, soit par leurs racines, comme le chiendent, soit par la perte de leurs graines, comme les mauvaises herbes en général.

Les bonnes graminées fourragères préfèrent les sols un peu consistants, même un peu compactes, pourvu

(1) L'ancien fermier de Myre Mill, M. Kennedy — si connu par l'invention de l'application des engrais liquides, dirigés, au moyen de tuyaux souterrains et sous forme de jets, sur les différents champs de la ferme* — a complétement renoncé, depuis 1852, à la culture du trèfle parce que cette plante ne supporte pas aussi facilement la dépaissance (qui est chez lui une condition d'existence) que les graminées, dont il a su tellement développer la végétation à l'aide des engrais liquides, qu'il en a tiré un produit double de celui que lui donnait auparavant la culture du trèfle.

* MM. Huxtable et Chadwick contestent à M. Kennedy la priorité de cette invention.

que ces sols ne soient pas assujettis à une humidité stagnante. Cependant elles viennent encore, notamment quelques espèces, dans les sables les plus pauvres ; ce n'est que dans les terrains tourbeux, marécageux et humeux, qui sont trop acides, qu'elles végètent chétivement, ou disparaissent tout à fait.

Les graminées les plus convenables pour les soles fourragères sont les suivantes :

Fléole des prés (Timothy), Phleum pratense. Vient même dans les situations froides, humides et dans les sols les plus pauvres ; donne beaucoup de foin et de bonne qualité ; on peut facilement en recueillir la semence. Il quitte difficilement les champs qui s'enherbent avec facilité.

Ivraie vivace, ray-grass d'Angleterre (Lolium perenne), aime les terrains consistants, gèle en hiver dans ceux qui sont meubles ; produit moyen.

Vulpin des prés (Alopecurus), productif, bon foin, mais se développe si lentement qu'il convient bien plus aux prairies permanentes qu'aux prairies annuelles ou bis-annuelles.

Arrhénathère, ray-grass de France (Arrhenatherum avenaceum) ou avoine élevée (avena elatior) convient surtout aux terres meubles et fertiles.

Fétuque des prés (Festuca pratensis), excellente herbe ; semence facile à recueillir.

Fétuque ovine (Festuca ovina), convient surtout aux terrains sablonneux, pauvres ; propre au pâturage des moutons.

Paturin commun (Poa trivialis), se plaît surtout dans les terrains frais.

Dactyle pelotonné (Dactylis glomerata), herbe excellente,

particulièrement propre à être mélangée avec le trèfle, et à former des herbages de 1 ou de 2 années.

Plus un herbage temporaire doit durer longtemps, plus la composition des mélanges doit se rapprocher de ceux que nous avons donnés pour les prairies permanentes.

Le trèfle doit dominer partout: le trèfle rouge dans les bonnes terres, le trèfle hybride (trèfle de Suède) dans les .moyennes, et le trèfle blanc et la minette dans les terres pauvres, et moins une terre est favorable aux trèfles, plus leurs espèces doivent varier. Sur les sols qui s'enherbent facilement, on peut semer la prairie seule, en automne, tandis que dans les sols plus rebelles, moins favorables aux graminées, surtout dans les sols secs, on sème le mélange sur des céréales très-clair-semées (1/4 de la quantité ordinaire) que l'on coupe en vert pour que les herbes s'enracinent plus facilement : on en assure ainsi la réussite. Si on laisse la récolte céréale parvenir à maturité, l'herbage ne donnera des produits que vers la finde l'année suivante; à quoi il faut ajouter les risques que lui font courir les gelées de l'hiver. Le fermier devra donc examiner s'il ne vaudrait pas mieux pour lui d'affourrager les céréales en vert et d'avoir un bon herbage, que d'appauvrir le sol par une chétive récolte de céréales, qui ne laissera après elle qu'un mauvais herbage avec toutes ses fâcheuses conséquences.

La meilleure manière de se procurer de bonnes graines de graminées, c'est de les cultiver séparément dans de petits carrés de terrain ; à l'époque de la maturation, on coupe chaque espèce et on la laisse mûrir complétement dans un sac, où on la laisse aussi pendant le battage. La culture des graminées fourragères pour leur semence peut devenir très-productive, puisqu'elle demande plus d'attention que de travail. Celui qui doit acheter ces semences ne doit s'adresser qu'à des grainetiers renommés pour leur probité et la bonté de leurs marchandises, car le commerce ne fournit que trop souvent des semences impures ou ayant perdu leur faculté germinative. Quand on fait des commandes, il est bon d'ajouter le nom botanique, parce que la dénomination vulgaire varie souvent avec les localités.

§ 100. Mélanges de trèfles et de graminées pour la formation des prairies temporaires.

Encore ici nous ne pouvons fournir que des données générales, qu'il faut modifier selon chaque cas spécial : les mélanges suivants et le poids à semer de chaque espèce ne doivent donc point être considérés comme devant être adoptés partout d'une manière invariable.

Mélange de trèfles et de graminées pour des prairies artificielles d'une ou de deux années de durée. Sol moyen. Quantité à employer par hectare :

13 à 18	kilog.	de trèfle rouge.	Trifolium pratense.
7	—	de trèfle blanc.	Trifolium repens.
5,50	—	minette.	Medicago lupulina
11	—	ivraie vivace.	Lolium perenne.
3,60	—	fléole des prés.	Phleum pratense.

La 1re année les trèfles dominent ; la 2e, les graminées.

Mélange recommandé par M. Fintelmann.

17	kilog.	de trèfle rouge.	Trifolium pratense.
11	—	trèfle blanc.	Trifolium repens.
7,50	—	fromental ou ray-grass de France.	Arrhen. aven.
5,50	—	fléole des prés.	Phleum pratense.
7,50	—	dactyle pelotonné.	Dactyl. glom.
11	—	paturin des prés.	Poa pratensis.

Ce mélange, semé après des pommes de terre fumées, lui a toujours donné un produit minimum de 300 à 400 quintaux métriques de fourrage vert par hectare. Si le temps est sec, il y ajoute 17 kilog. de minette.

Pour les terres sablonneuses qui doivent rester engazonnées pendant plusieurs années, et qui donnent toujours leurs produits les plus élevés la 3e et la 4e année, M. Hildberg de Rohrbeck propose le mélange suivant :

Par hectare, 11	kilog. de fétuque ovine.	Festuca ovina.
—	7,50 — trèfle blanc.	Trifolium repens.
—	7,50 — fléole des prés.	Phleum pratense.

Pour l'établissement d'un pâturage de 3 années, destiné aux vaches, M. Nathusius de Hundisberg a adopté le mélange suivant :

Par hectare, 13 à 15	kilog. de trèfle rouge.	Trifolium pratense.
— 2 à 3,50	— minette.	Medicago lupulina.
— 2 à 5,50	— trèfle blanc.	Trifolium repens.
— 7,50	— ivraie vivace.	Lolium pérenne.
— 3,50	— ivraie ou ray-grass d'Italie.	Lolium italicum.
— 7,50	— dactyle pelotonné.	Dactyl. glom.
— 3 à 7,50	— fléole des prés.	Phleum prat. (plus le sol est mauvais, plus la quantité doit en être forte).
— 2	— cumin.	Carum carvi.
— 2	— pimprenelle.	Poterium sanguisorba.

Le mélange suivant, adopté en Angleterre et beaucoup recommandé et usité en Allemagne, se sème dans les prairies temporaires alternes qui doivent durer plusieurs années.

NOMS DES ESPECES.	QUANTITÉ DES SEMENCES par hectare.					
	TERRES légères.		TERRES moyennes.		TERRES fortes.	
	Semées sur des céréales.	Semées pures.	Semées sur des céréales.	Semées pures.	Semées sur des céréales.	Semées pures.
	KIL.	KIL	KIL.	KIL.	KIL.	KIL.
Alopecurus pratensis, vulpin des prés.	1,4	2.3	1,8	3,7	2,80	7,0
Festuca pratensis, fétuque des prés	2,3	3,7	2,3	3,7	2,3	3,7
Lolium perenne, ivraie vivace.	11,0	22,0	11,0	22,0	11,0	22,0
Medicago lupulina, minette	1,4	2,3	1,4	2,3	1,4	2,3
Poa pratensis, paturin des prés	2,8	7,0	1,4	3,2	--	—
» trivialis, » commun.	—	—	1,4	2,8	1,40	7,0
Trifolium perenne (intermedium), Cowgrass des Anglais.	1,40	2 3	1,4	2,3	1,40	2.3
Trifolium pratense, trèfle rouge des prés .	1,40	2,3	1,4	2,3	1,4	2,3
Trifolium repens, trèfle blanc	4,12	7,3	4,6	7,3	4,6	7,3
Phleum pratense, fléole des prés.	—	—	1.4	2.8	3,2	5,0

Dans presque tous les traités d'agriculture, on trouvera encore d'autres mélanges analogues, composés pour les différentes espèces de sol; souvent on y a ajouté l'indication des circonstances où chacun d'eux peut convenir. Mais, nous le répétons, l'on ne doit s'en servir qu'avec précaution; ce sont d'utiles renseignements qu'il ne faut pas mépriser. Le mélange et le poids doivent souvent être modifiés selon les localités. Penser, réfléchir, comparer, juger, puis agir par soi-même, sont des opérations intellectuelles dont aucun cultivateur ne peut se dispenser.

DES FAÇONS ET SOINS D'ENTRETIEN DES PLANTES AGRICOLES.

§ 101. Travaux de culture et d'entretien pendant la végétation.

Il est évident que, relativement aux travaux de culture et d'entretien, les intérêts du fermier sont les mêmes que ceux de tout autre agriculteur qui veut gagner de l'argent par l'industrie agricole. C'est un principe fondamental que, plus le développement d'une plante est conforme au but auquel elle est destinée, plus la culture en est lucrative; par conséquent, tout travail qui favorise ce développement est utile et profitable. Mais il n'est pas moins incontestable que les soins donnés aux plantes peuvent devenir parfois si dispendieux, que le surcroît de produit obtenu par ces soins extraordinaires ne couvre pas les frais qu'il a occasionnés. Le fermier doit éviter cet extrême. Son but n'est pas d'avoir *à tout prix* les plus belles plantes des environs, de faire les plus riches moissons, mais bien de *tirer le plus grand profit* de son exploitation *avec le moins de frais possible*. Qu'il évite donc toujours toute dépense *improductive*. Mais cet avis ne doit pas lui faire croire qu'il faille mal soigner ou négliger ses plantes agricoles. Un mauvais entretien a toujours pour suite des récoltes non-seulement incertaines mais encore chétives; ces récoltes sont donc toujours les plus chères et doivent amener inévitablement des pertes. Aussi ne cessons-nous de le répéter, les récoltes lucratives, rémunératrices vont toujours de pair avec une bonne culture. Le but de ces réflexions, c'est d'engager le fermier à simplifier les travaux par une répartition et une distribution bien entendues des forces dont il dispose, et par l'introduction des procédés de travail et des instruments à l'aide desquels il est possible de faire de bons travaux, exécutés d'une manière expéditive, ce qui diminue les frais et augmente les bénéfices. Ces considérations trouvent surtout leur application dans l'exécution des travaux suivants :

1. La confection des sillons d'écoulement, leur entretien, surtout au printemps et après les fortes pluies. Ici une sage économie consiste à bien tracer, à bien curer et à bien réparer ces raies, car une négligence ou une économie de travail aurait pour résultat inévitable de grandes et irréparables pertes, puisque le séjour des eaux détruit les plantes, ou retarde la culture des terres.

2. Le hersage des récoltes dans les terres fortes, le roulage de celles que la gelée aura soulevées ou déchaussées; le hersage croisé de celles qui seraient trop avancées, et leur roulage; l'échardonnage, l'essciglage, le sarclage, le binage, l'éclaircissage; le comblement des vides, le buttage, l'arrosage avec de l'eau ou du purin, enfin les soins qu'il faut donner aux plantes qui demandent à être ramées, écimées, pincées, redressées, etc.

A ces travaux il faut ajouter le traitement du fumier dans la fosse, la mise en tas des engrais et des matières fertilisantes qui sont éparpillés dans la cour ou ailleurs, la conservation et l'utilisation en temps opportun du purin, le remuage et le mélange intime des tas de compost.

En règle générale, ce sont les plantes sarclées qui exigent le plus de travaux d'entretien, mais ce sont aussi les plantes qui payent le mieux, par une récolte plus abondante, ce surcroît de travaux et de soins.

Voici le rapport moyen qui existe, à cet égard, entre les différents groupes des plantes agricoles :

Frais par hectare :

	Journées d'attelage.	Journées de main-d'œuvre.	Les dépenses en semence et en travaux de toute espèce, non compris les frais de fumure et de battage éventuels, absorbent les proportions suivantes du produit brut.
Céréales, y compris le maïs.	18	50	45 p. c.
Légumineuses (pois, fèves, lentilles, etc.)	26	50	40 —
Plantes fourragères, y compris les graminées fourragères semées dans les terres arables	17	40	45 —
Plantes oléagineuses et textiles.	28	76	38 à 40 —
Plantes sarclées (1) . . .	26	88	30 —

Pour connaître les journées qu'exigent les divers travaux d'entretien de chaque espèce de plante, on n'a qu'à consulter le § 82. Quant aux frais de culture occasionnés par les différentes plantes agricoles, on les trouvera au § 84.

Quant aux soins à donner aux prairies, il faut mettre en première ligne l'assainissement. Si le fermier ne peut pas y parvenir à l'aide de moyens simples et peu coû-

(1) Une houe à cheval perfectionnée de Garrett procure une grande économie dans tous les travaux d'entretien qu'exigent les plantes sarclées cultivées en lignes. Avec un cheval et deux personnes, on peut biner 4 hectares par jour. Mais avant d'introduire cet instrument, il faut prendre en considération son prix d'achat, les frais d'entretien, l'état d'ameublissement des terres, la bonne volonté et l'habileté des ouvriers, et comparer le résultat de ces recherches aux frais occasionnés jusque-là par la méthode ordinaire.

teux, tels que le creusement de fossés d'écoulement, et si des améliorations plus radicales étaient trop onéreuses pour lui, il tâchera d'utiliser le mieux possible les places trop humides, en y semant le paturin aquatique (poa aquatica) et le paturin flottant (poa fluitans), connu aussi sous le nom de fétuque flottante. Ces deux plantes aiment les terrains marécageux, les bords des ruisseaux, et sont très-propres à utiliser les terrains qui souffrent d'une humidité stagnante ; de plus, elles fournissent une très-grande quantité de bon fourrage.

Ces soins s'étendront en outre aux eaux provenant des champs, eaux d'autant plus fertilisantes qu'elles traversent des terres plus riches. Elles seront reçues dans des rigoles convenablement disposées et bien entretenues. On surveillera attentivement les irrigations qui se font au printemps, en été et en automne ; on nettoiera les prairies, on égalisera les taupinières et autres inégalités de terrain ; on pratiquera des terreautages convenables, en répandant, sur une épaisseur de 2 à 5 centim., du terreau ou des terres appropriées au sol ; on fumera avec du compost, des cendres, du sel, etc. Les engrais animaux et végétaux conviennent mieux en général aux terres arables qu'aux prairies ; répandus sur les premières, ils rapportent davantage au cultivateur.

La somme des travaux exigés par les prairies — nettoyage, petits travaux d'irrigation, hersage, fauchage, fanage, chargement et déchargement du foin et du regain — se compose en moyenne, pour 2 hectares 5, des journées suivantes : 10 journées d'attelage à 2 chevaux, 25 journées d'homme et 100 journées de femme, ce qui fait par hectare 4 journées d'attelage, 10 journées d'homme et 40 journées de femme.

Les soins d'entretien que nécessitent les pâturages sont : fumure avec des cendres, du plâtre, de la chaux, de la marne, du purin, du compost, et avec les déjections répandues çà et là ; irrigation, s'il y a lieu ; extirpation des buissons, des mauvaises herbes ; épandage des taupinières et des fourmilières ; égalisation des trous produits par le piétinement des animaux ; fauchage des herbes délaissées par le bétail.

Avant d'entreprendre des améliorations telles que le défrichement ou le renouvellement du gazon, l'écobuage, le remblaiement, le terrement ou limonement, etc., le fermier devra bien calculer, d'une part, les frais qu'occasionneraient tous ces travaux et la perte de produits qu'il subirait pendant leur exécution, et de l'autre, l'excédant probable de produits que lui procureraient ces mêmes améliorations pendant la durée du bail ; et, en comparant ces deux résultats, il saura s'il y a, pour lui, avantage ou non à exécuter ces travaux.

La quantité de travail qu'exigent les pâturages, avec des soins ordinaires, se compose, en moyenne, par hectare, de 0,8 de journée d'attelage, de 2 journées d'homme et de 4 journées de femme.

DES RÉCOLTES.

S'il est dans l'intérêt de tout cultivateur de donner tous ses soins à la bonne rentrée et à la bonne conservation des récoltes, ces soins importent encore davantage au fermier, pour lequel bien souvent perte des récoltes veut dire perte de ses moyens d'existence. Le premier soin du fermier doit donc être de récolter la totalité de ses produits en se garantissant contre toutes les pertes qui peuvent provenir de la mauvaise ou de la lente exécution des travaux de récolte, et comme les chances de pertes augmentent avec la durée des travaux, il hâtera ceux-ci autant que possible. Mais qu'il n'aille pas croire que cette diligence doive dégénérer en précipitation, et qu'il faille rentrer les récoltes avant leur maturité ou leur dessiccation ; non, cette diligence consiste d'abord à se procurer des ouvriers capables et en suffisante quantité, ensuite à les répartir, diriger et surveiller d'une manière convenable et intelligente. En agissant ainsi, on remplit en même temps cette autre condition d'une bonné récolte, le *bon marché* des travaux ; car, en précipitant ou en ralentissant trop ceux-ci, on s'expose à de plus grandes pertes, puisque les travaux durent ainsi plus longtemps et sont en définitive plus chers.

Le premier soin à prendre pour se prémunir contre la casualité des récoltes, c'est naturellement de faire d'abord convenablement les travaux de culture — façons préparatoires, travaux de semailles, d'entretien — puis d'assurer en temps opportun les récoltes contre la grêle et contre l'incendie. Quand le fermier n'est pas forcé par son bail d'assurer ses récoltes, il y est obligé moralement si sa fortune n'est pas suffisante pour qu'il puisse supporter la perte d'une année sans que son bien-être matériel et, partant, aussi la marche de son exploitation en souffrent. Si les grands propriétaires peuvent à la rigueur se dispenser d'assurer leurs récoltes contre la grêle — surtout s'ils habitent des localités rarement exposées à ce fléau — parce qu'ils peuvent s'assurer

12.

eux-mêmes, en plaçant à intérêts les primes qu'ils devraient payer aux sociétés d'assurance, il n'en est pas de même des propriétaires moins aisés et surtout des fermiers, qui se trouvent dans de tout autres conditions; en effet les fermiers, eu égard à la courte durée des baux, ne peuvent compter sur une longue suite de très-bonnes récoltes ou sur d'autres circonstances favorables pour compenser les pertes éventuelles que la grêle ou le feu pourraient leur faire subir. D'ailleurs, la tranquillité d'esprit dont le fermier jouira après avoir assuré ses produits contre tout accident ne peut manquer d'exercer une influence salutaire sur l'organisation, la direction et la marche de son entreprise.

Pour faire bien et vite les récoltes, et pour les rentrer convenablement, il faut aussi s'y préparer longtemps d'avance.

Les préparatifs à faire consistent à s'assurer le concours de tous les ouvriers nécessaires, soit tâcherons, soit journaliers, soit chefs de file; à préparer les provisions en aliments, en boissons et en argent comptant dont on a besoin pour la nourriture et le payement des ouvriers; à faire les liens dont on aura besoin; à achever tous les autres travaux qui pourraient entraver ceux des récoltes; à désigner les travaux accessoires qu'il faudra exécuter, si le mauvais temps vient arrêter la récolte; à réparer les chemins, ponceaux, passages par où doit s'effectuer le transport des produits; à se procurer ou à réparer les chariots, les pièces de rechange et tous les instruments et outils indispensables, sans craindre d'entrer dans les moindres détails (les lanternes, la pompe à incendie et les accessoires ne doivent pas être oubliés); à réparer et à nettoyer les greniers à foin, à paille, les caves, les gerbiers, les aires de grange, les toitures et les serrures des magasins ; à déterminer d'avance où l'on emmagasinera le foin et le regain, les gerbes de céréales, etc., et où il faudra établir éventuellement des meules et des silos ; à indiquer dans quel ordre on récoltera les différents produits, selon leur distance les uns des autres et selon l'époque de leurs semailles et de leur maturité, afin de perdre le moins de temps possible pendant le passage d'une pièce à l'autre ; à désigner quel champ fournira la semence pour les semailles prochaines, etc.; enfin, à donner les instructions nécessaires aux surveillants et aux gardes, et à terminer toutes les affaires privées qui pourraient troubler plus ou moins la direction de la ferme dans le moment le plus critique de l'année.

§ 102. Époque de la récolte des divers produits.

Le colza, cet avant-coureur des céréales, et dont la récolte annonce toujours l'approche de la moisson, doit être coupé quand la paille jaunit et que la graine brunit. Coupé trop mûr, il s'égrène facilement ; trop vert, les graines moisissent sur le grenier, se rident, se ratatinent et perdent de leur valeur commerciale. S'il y a manque d'ouvriers, il vaut mieux le couper avant que sa maturité soit complète et la laisser ensuite s'achever dans les javelles ou les meulons. Il faut que le sciage de toute la récolte soit fini en peu de jours. Pour la navette, qui mûrit 10 à 15 jours plus tard, et pour les autres plantes oléagineuses analogues, les mêmes règles sont applicables.

Il faut couper les céréales quand la tige jaunit (les nœuds sont encore verts), et quand les grains ne sont plus laiteux, mais encore assez tendres pour se laisser écraser, ou mieux casser sur l'ongle. On peut même devancer cette époque d'un ou de deux jours, particulièrement pour le seigle, surtout si on les laisse s'achever dans les champs, soit en javelles, soit en meulons, où la maturation devient complète. Les avantages de la coupe prématurée des céréales sont : peu de grains s'égrènent, leur valeur commerciale est plus grande parce qu'ils sont plus coulants, ils ont de la main ; ils sont plus faciles à moudre et à panifier que les grains à apparence cornée ou vitreuse ; ils produisent moins de son ; la paille en est moins épuisée, plus substantielle, moins ligneuse, et a par conséquent une plus grande valeur nutritive. Quant au blé de semence, on ne doit le couper qu'au moment où la maturation est complète, sans le laisser devenir cependant trop mûr (1).

Pour l'orge, il faut la couper quand les épis ploient, se courbent et que le grain durcit; l'avoine, quand la panicule blanchit; le maïs, quand les grains supérieurs deviennent durs et brillants et que les feuilles qui enveloppent l'épi (les spathes) se détachent facilement; les légumineuses, quand les premières cosses brunissent et que le bas de la tige jaunit; ici, les meilleurs grains se perdraient infailliblement, si l'on voulait attendre, pour récolter, que les dernières cosses, encore vertes,

(1) Des essais comparatifs institués par l'auteur ont démontré que les grains de semence coupés prématurément développent tout d'abord une végétation très-active, mais que beaucoup de plantes qui en proviennent restent ensuite chétives. Les épis trop mûrs perdent leurs meilleurs grains avant la coupe et ceux qui restent dans l'épi germent plus lentement et plus difficilement que ceux qui ont été récoltés à point, c'est-à-dire au moment où ils commencent à se détacher de l'épi avec une certaine facilité.

fussent mûres. D'ailleurs,.les grains trop mûrs germent
plus facilement et cuisent plus difficilement que ceux
qu'on récolte en temps opportun.

Quant aux plantes commerciales, l'époque de leur récolte varie beaucoup. En général, il faut les récolter
quand la partie pour laquelle on les cultive a atteint le
degré de développement exigé par les arts industriels
qui l'emploient.

Si l'on veut récolter la semence des plantes commerciales, il faut naturellement attendre la maturité des
graines. — Les plantes textiles donnent une filasse plus
tendre, si on les arrache avant le développement de la
semence et à l'état vert. En Allemagne, où le plus souvent on les cultive pour récolter à la fois la semence et
la filasse, on arrache d'ordinaire le lin quand les capsules
ou têtes sont formées et qu'elles commencent à brunir. —
Les pommes de terre et les plantes-racines sont bonnes à
récolter lorsque les feuilles jaunissent et se fanent, et que
le chevelu des racines se dépouille facilement de la terre
adhérente; enfin, quand les pommes de terre se détachent
naturellement des racines. Les plantes-racines se conservent d'autant plus longtemps et mieux qu'elles restent
plus longtemps en terre. On coupe les choux pommés
quand les têtes sont bien formées et que les feuilles extérieures commencent à se faner. — Les trèfles donnés en
vert doivent être coupés le plus tôt possible. Quand la
ration entière se compose de trèfle, on le coupe au commencement de la floraison; de même quand on le convertit en foin. — L'époque de la fauchaison des foins
dépend de l'état du gazon, des espèces de graminées do-
minantes, du sol et du climat; la fenaison a ordinairement
lieu au commencement ou au milieu de la floraison. Le

tableau du § 91 donne les mois où se font les diverses récoltes.

§ 103. Des diverses manières de récolter.

La question la plus importante pour le fermier, relativement à cet objet, c'est de savoir s'il pourra faire la moisson avec ses propres domestiques et les journaliers payés à la journée ou à la tâche, ou bien à l'aide de journaliers et de tâcherons étrangers à la localité, ou enfin au moyen d'une machine à moissonner. Tant que le fermier pourra se procurer des ouvriers de sa localité à un prix raisonnable, il fera bien de les engager, mais à la tâche, c'est-à-dire de les payer en proportion de la surface moissonnée. — Si ces moissonneurs n'étaient habitués qu'à manier la faucille, il y aurait avantage à leur apprendre à moissonner à la faux, ou à la sape (au piquet). Dans le cas où l'on est obligé de traiter avec des moissonneurs venus de loin et qu'il faut d'ordinaire nourrir et héberger, — au moins faut-il leur procurer toutes les facilités, s'ils préparent eux-mêmes leurs aliments — il est bon de tenir compte, en calculant les dépenses, du trouble, du désordre et des désagréments que causera dans la ferme le séjour passager d'un grand nombre d'ouvriers étrangers, qui n'y sont attachés que par une occupation momentanée. A ceux-ci il faudra laisser l'usage des instruments auxquels ils sont habitués, car ils ne voudraient ni ne pourraient travailler avec des instruments qui seraient nouveaux pour eux.

Quant à l'acquisition d'une machine à moissonner, jusqu'ici on ne peut la conseiller qu'aux fermiers de grands domaines, dont les terres ne sont pas trop accidentées ni trop éloignées les unes des autres, si toutefois les bras manquaient ou étaient trop chers. En établissant le compte de dépenses pour une moissonneuse, on n'oubliera pas que, pour ces machines, il y a une grande différence de travail d'une année à l'autre, selon que le blé est dru ou clair-semé, droit ou mêlé, versé, roulé, et qu'il faut toujours avoir sous la main un mécanicien qui puisse réparer à l'instant les nombreux accidents auxquels sont encore sujettes les moissonneuses.

Les instruments les plus usités pour la moisson sont : la faux, la faucille et la sape. L'usage de la sape devrait être plus répandu. Au § 82, on trouvera les surfaces qu'on peut moissonner par jour avec ces divers instruments, et le prix de revient par hectare, d'après chaque méthode. Les conventions à faire avec les moissonneurs pourront être établies d'après ces données.

Un faucheur peut couper *par heure* 5 ares de céréales d'hiver bien venues. On a composé le tableau suivant d'après cette donnée.

1	2	3	4	5	6	7	8	9	10	Fauchent
Faucheurs travaillant pendant le nombre d'heures qui suit :										
										H. A.
5	2 1/2	1 2/3	1 1/4	1	5/6	5/7	5/8	5/9	1/2	0.25
10	5	3 1/3	2 1/2	2	1 2/3	1 3/7	1 1/4	1 1/9	1	0.50
15	7 1/2	5	3 3/4	3	2 1/2	2 1/7	1 7/8	1 2/3	1 1/2	0.75
20	10	6 2/3	5	4	3 1/3	2 6/7	2 1/2	2 2/9	2	1.00
25	12 1/2	8 1/3	6 1/4	5	4 1/6	3 4/7	3 1/8	2 7/9	2 1/2	1.25
50	25	16 2/3	12 1/2	10	8 1/3	7 1/7	6 1/4	5 5/9	5	2.50
100	50	33 1/3	25	20	16 2/3	14 2/7	12 1/2	11 1/9	10	5.00

Pour le fauchage des céréales d'été, on admet qu'un faucheur coupe (il forme lui-même sa javelle) **25** ares en 4 heures.

1	2	3	4	5	6	7	8	9	10	Fauchen
Faucheurs travaillant le nombre d'heures ci-dessous :										H. A.
4	2	1 1/3	1	4/5	2/3	4/7	1/2	4/9	2/5	0.25
8	4	2 2/3	2	1 3/5	1 1/3	1 1/7	1	8/9	4/5	0.50
12	6	4	3	2 2/5	2	1 5/7	1 1/2	1 1/3	1 1/3	0.75
16	8	5 1/3	4	3 1/5	2 2/3	2 2/7	2	1 7/9	1 3/5	1.00
20	10	6 2/3	5	4	3 1/3	2 6/7	2 1/2	2 2/9	2	1.25
40	20	13 1/3	10	8	6 2/3	5 5/7	5	4 1/2	4	2.50
80	40	26 2/3	20	16	13 1/3	11 3/7	10	9	8	5.00

1 hectare coupé à la sape coûte à peu près la moitié en plus que par le fauchage, et 1 hectare scié à la faucille coûte les deux tiers en sus, même le double.

Moissonnage mécanique. Voici les derniers résultats obtenus par l'emploi des machines à moissonner. Avec une bonne moissonneuse, munie d'un appareil à javeler, attelée de 2 ou 3 chevaux et desservie par 2 hommes, on moissonne 4 à 5 hectares par jour.

La machine de Mack-Cormick, munie de l'appareil à javeler de Burgess et Key, est considérée jusqu'ici comme la meilleure.

Avec 20 à 25 kilog. de paille on confectionne un cent de liens.

Quant aux frais de récolte de l'herbe, du trèfle, des plantes commerciales et des plantes sarclées, etc., on les trouvera au tableau du § 82. Pour les plantes sarclées, le fermier devra examiner quelle méthode d'arrachage sera la plus avantageuse pour lui ; la nature et la situation du terrain, le manque ou l'abondance de gens de travail décideront s'il doit les faire arracher à la charrue ou à la tâche. Nous engageons le fermier à suivre les essais ultérieurs qui auront lieu avec l'arracheur (extracteur) de Hanson, et si les résultats favorables qu'on en a obtenus jusqu'ici se confirment, il ne devra pas hésiter à l'adopter pour son exploitation.

§ 104. Soins à donner aux récoltes.
(Javelage, liage, séchage, emmeulage, etc.)

En Allemagne, on lie généralement les céréales avant de les charger sur les voitures. Si on les coupe à l'état de maturité complète, on les laisse sécher pendant quelques jours dans les javelles, et on les met en gerbes immédiatement avant de les rentrer. Si on les coupe, au contraire, au commencement de la maturation, on les lie immédiament après le fauchage, puis on dresse les gerbes, afin que la maturation s'achève et que le grain prenne de la qualité. Les céréales destinées à fournir la semence étant coupées à complète maturité, ne devront pas traîner longtemps dans les champs, afin d'éviter l'égrènement qui causerait alors des pertes considérables. Les céréales où l'on a semé du trèfle doivent être séchées de manière qu'elles n'étiolent et n'étouffent pas le jeune trèfle.

Là où les céréales sont coupées en pleine maturité et où on ne les lie que quand on veut les rentrer ou peu de jours auparavant, on fait les gerbes plus volumineuses que là où la maturation doit s'achever dans les gerbes. Les gerbes ne doivent être ni trop grosses ni trop lourdes, afin qu'on puisse les manier, charger, et décharger facilement. Les gerbes des céréales d'hiver pèsent, en moyenne, 10 à 12 kilog., celles des céréales d'été 7 à 10 kilog., celles des pois, lentilles, etc., 6 à 8 kilogr., si tant est qu'on lie ces dernières et qu'on ne les jette pas pêle-mêle dans les échelles.

La méthode de compter les gerbes d'après le nombre des liens employés ne donne pas de résultats certains ; il vaut mieux compter les gerbes elles-mêmes. Quand on met les gerbes en tas ou en dizeaux, on y place toujours le même nombre par tas : le comptage et la surveillance sont ainsi plus faciles, et l'on gagne du temps. Quand les gerbes doivent rester assez longtemps dans les champs, on en met 15 par tas; les 12 premières se croisent par les épis tournés à l'intérieur, et les trois dernières, inclinées vers le vent de pluie, les recouvrent et abritent ainsi tout le tas. On dresse encore les gerbes en séries de 12 à 20, placées sur deux lignes et appuyées 2 à 2 par les épis, les pieds en dehors et écartés. Enfin on les met aussi en moyettes. Pour cela, on dresse une gerbe, autour de laquelle on appuie 4, 6 ou 8 autres gerbes, ayant soin de les écarter un peu du pied. On surmonte la moyette d'une coiffe formée par une gerbe renversée et dont on étale bien les épis qui doivent embrasser toutes les gerbes : une moyette mal coiffée souffre plus qu'une moyette sans coiffe. Dans ces derniers temps, quelques agriculteurs se sont servis avec avantage de chaperons ou chemises de paille (confectionnés en hiver) pour couvrir les moyettes. Les céréales mises en moyettes ont besoin de 9 à 10 jours pour sécher, même lorsqu'il fait beau, mais aussi quand les moyettes sont bien faites, on peut les laisser plusieurs semaines sans le moindre danger d'avarie. Outre cette sécurité que présentent les moyettes, elles offrent encore l'avantage de permettre le fauchage de grandes surfaces à la fois, puisqu'elles dispensent de rentrer immédiatement la récolte abattue ; la pratique des moyettes augmente les frais de moisson de 10 à 15 p. c. (1).

Les céréales d'été ne sont mises en moyettes que si la paille en est très-longue ; quelquefois on en fait des moyettes ou villottes composées, non de gerbes, mais de javelles appuyées par les épis et formant un cône à base très-large qu'on recouvre d'une coiffe ou chemise. Là où ces céréales sont mélangées de beaucoup d'herbe, on laisse les éteules très-hautes, pour les faucher ensuite séparément avec l'herbe, ce qui donne un très-bon fourrage ; quant à la partie supérieure ou récolte proprement dite, qu'on ne peut déposer sur un sol humide et couvert de verdure, on la met sur des chevalets ou cavaliers, les épis en bas. Ce procédé est surtout pratiqué dans les hautes montagnes. Chacune de ces méthodes, ainsi que tant d'autres que nous avons dû passer sous silence, a ses avantages et ses inconvénients ; l'emploi en est subordonné aux circonstances locales, et le fermier n'en introduira de nouvelle que si elle présente des avantages incontestables sur celle usitée dans le pays.

Le sarrasin et les récoltes analogues sont, aussitôt

(1) C'est surtout dans les années pluvieuses qu'on reconnaît les grands avantages de la mise en moyettes des céréales. En 1860, on a préservé ainsi de toute avarie une immense quantité de céréales, et cette méthode est adoptée aujourd'hui dans les contrées les plus arriérées.

après le fauchage, mis ou en villottes ou en moyettes, les épis en haut, pour sécher debout. — Les foins de trèfle et de vesces sont fanés, dans les situations sèches, en de petits tas, dans les terrains humides, sur des cavaliers ou sur des pyramides (bâtons de perroquet), ou enfin sur des claies ou treillages en forme de cabanes. Cette dernière méthode est surtout à recommander dans les contrées pluvieuses, car les courants d'air, qui traversent les cabanes avec facilité, empêchent la moisissure; l'eau de pluie en découle facilement; on peut faner une grande quantité de fourrage à la fois; le chargement en est plus facile et il y a moins de pertes en feuilles succulentes; de plus, il faut moins de bois, en quantité et en qualité, pour la confection des claies que pour celle des cavaliers et des pyramides. Sur une cabane de 7 mètres de longueur, on peut faner 6 à 7,5 quintaux de foin de trèfle, c'est-à-dire 25 à 38 quintaux de trèfle vert.

Quant au fanage du foin, l'herbe de la première et de la deuxième coupe peut être mise sur des cavaliers pour sécher, puis on achève la dessiccation, d'abord dans de petits tas (monceaux, villottes), et ensuite dans de plus grands : meulons et meules.

Si les bras manquent ou sont trop chers pendant la fenaison, le fermier fera bien d'adopter la machine à faner inventée par Salmon et perfectionnée par Wedlake et Smith, surtout si ses prairies sont d'un seul tenant, grandes, pas trop humides, ni tourbeuses, ni trop accidentées. A l'aide de la faneuse, on éparpille et l'on fane, en 10 ou 12 heures, l'herbe de 2,5 à 3 hectares, et l'on économise de cette manière la moitié de la main-d'œuvre ordinaire (voir fin du § 16).

Préparation du *foin brun* par la fermentation (méthode Klappmeyer).

Après un commencement de dessiccation dans les javelles ou dans les villottes, on amasse l'herbe — encore pénétrée de son eau de végétation, mais privée de toute autre humidité provenant soit de la rosée, soit de la pluie — en gros monceaux que l'on tasse assez fortement pour que la main n'y puisse plus pénétrer ; il faut un ouvrier pour le tassement de 10 mètres carrés. Le piétinement continu et uniforme est une condition essentielle à la réussite de l'opération. Les tas ne doivent pas avoir moins de 1^m,30, ni plus de 6 mètres de hauteur, parce que, s'ils ont moins de 1^m,30, ils ne s'échauffent pas assez, et s'ils ont plus de 6 mètres, ils s'échauffent trop. On couvre le monceau d'une couche de litière de 0^m,15 d'épaisseur ; cette litière doit être assez courte pour qu'on puisse la piétiner convenablement. Quand la chaleur est assez intense dans le tas pour qu'on ne puisse plus y tenir la main, on le défait rapidement, et l'on éparpille le foin pour le sécher, opération qui ne demande plus beaucoup de temps. Les gros meulons sont mieux placés au grand air et sur des supports, à l'instar des meules, que dans l'intérieur des bâtiments, ne fût-ce que pour éviter les dangers d'incendie.

Quoi qu'il soit très-rare que le feu prenne en pareil cas et qu'il se manifeste par des jets de flamme, le fermier doit pourtant porter son attention sur ce point, surtout dans les contrées où cette méthode n'aurait pas encore été pratiquée, parce qu'en cas d'incendie il serait responsable des dommages causés. Les avantages de la préparation du foin brun consistent en une économie de temps et de travail qui, évaluée en argent, équivaut à peu près à fr. 3-75 par 10 quintaux de foin préparé ; on gagne en outre de l'espace, car un tel foin occupe un moindre volume que le foin ordinaire ; le foin brun est enfin plus nourrissant, parce que la fermentation l'a rendu plus tendre et plus assimilable.

Quant au *foin aigre ou acide*, on le prépare avec de l'herbe, du trèfle, les fanes des plantes-racines, etc. Pour cela, on met le fourrage tout frais dans des silos sur une couche de paille, ou dans des fosses de $0^m,6$ à $2^m,3$ de profondeur dont le fond et les parois sont revêtus de paille ; on l'entasse avec les pieds, puis on le couvre soigneusement avec une couche de paille et de terre de $0^m,6$ d'épaisseur, pour que l'air ne puisse y pénétrer. La masse se conserve ainsi jusqu'au printemps. Pour les lupins préparés de cette manière, les frais s'élèvent à environ 20 francs par hectare, y compris le fauchage.

Les plantes-racines ne peuvent pas rester longtemps dans les champs pour se ressuyer, aussi faut-il les arracher par un temps sec. Si le temps est au beau et qu'on puisse les laisser exposés à l'air libre pendant quelques jours, elles se conserveront bien mieux et plus longtemps ; le surcroît de frais occasionnés par le salaire du garde de nuit, et quelquefois par la couverture en paille qui doit les protéger contre les gelées éventuelles, sera ainsi largement compensé.

§ 105. Rendements en gerbes et en grains ; poids et valeur en foin et en argent.

a. *Céréales.*

En général, l'estimation en gros des récoltes se fait d'après le nombre des gerbes ; mais comme le poids de celles-ci varie beaucoup, il est évident que ce procédé d'évaluation ne peut avoir qu'une valeur relative. 1 hectare de céréales d'hiver bien venues donne, en moyenne, 720 gerbes fortes. Or, si le cent de gerbes rend, en moyenne, 3 hect. 66 cent. à 4 hect. 60 cent., l'hectare produirait ainsi 26 à 33 hectolitres, ou, en comptant 2,70 hect. de semence, 9,6 à 12 fois la semence.

Mais la méthode d'exprimer le rendement en fonction de la semence est vicieuse; il est plus exact de prendre la surface ensemencée pour base de calcul. Pour les céréales d'été, on admet, comme moyenne, par hectare, 480 à 600 gerbes d'orge, et 360 à 480 gerbes d'avoine, le cent de gerbes d'orge donnant 5,5 hect. à 7,33 hect. de grains, et le 100 d'avoine 8,25 hect. à 9,15 hect. Il est évident que la nature du sol, son état de fumure, la bonne exécution des travaux, les circonstances atmosphériques, peuvent faire varier ces rendements à l'infini.

b. *Évaluation des récoltes céréales, légumineuses et oléagineuses, d'après le poids.*

Hlubeck admet comme rendement moyen par hectare :

	GRAINS.
Céréales	1,170 kil.
Légumineuses	975 —
Plantes oléagineuses	1,650 —

Le tableau du § 91 donne les rendements moyens de la plupart des plantes agricoles; quant aux produits des prairies, on les trouvera au § 16.

c. *Rendements des plantes fourragères et des plantes-racines comparés à ceux des prairies.*

1 hectare donne en moyenne un produit de :

	Qx. métr.		Hectares de prairies.
Trèfle (2 coupes) . . .	72	valeur en foin, ou autant que	2,750
Luzerne	88	—	2,750
Sainfoin	44	—	1,375
Vesces fumées	44	—	1,375
Vesces non fumées. . .	26	—	1,187
Pommes de terre . . .	80	—	2,500
Betteraves	120	—	3,750
Choux-raves.	114	—	3,500
Navets.	76	—	2,375
Carottes et panais . . .	134	—	4,300
Choux pommés et autres.	120	—	3,750

d. *Produit moyen en argent des récoltes granifères et
fourragères, déduction faite des frais, excepté ceux de la
fumure.*

Pour le cas où l'on voudrait connaître non pas le produit net absolu d'une surface donnée, mais le rapport qui
existe entre les produits en argent des diverses récoltes,
on peut prendre pour base les données ci-dessous.

Dans les calculs qui ont conduit aux résultats qui suivent, on a pris pour base les récoltes moyennes des sols
moyens, puis des travaux et façons de culture tout à fait
simples, et le prix moyen des produits. L'hectolitre de
blé a été estimé à fr. 17; celui de seigle, à fr. 13-6; d'orge,
à fr. 10-20; d'avoine, à fr. 6-80; de pois, à fr. 13-6; de
pommes de terre, à fr. 2-27. Les 100 kilog. de fourrages,
valeur en foin, à fr. 5 et les 100 kilog. de paille, à fr. 3-75.

Produits en argent, par hectare (frais déduits, excepté la fumure).

		Francs.
Blé sur jachère fumée		419
Blé sur chaume de trèfle ou de colza		342
Seigle sur jachère fumée		283
Seigle après trèfle, pois, tabac , etc.		223
Seigle sur jachère non fumée.		198
Seigle après pommes de terre.		80
Orge après blé.		113
Orge après seigle		132
Orge après plantes sarclées		180
Avoine		114
Pois, féveroles et vesces		157
Trèfle.		232
Pommes de terre et autres plantes sarclées . .		256
Lin après céréales		220
Colza sur chaumes de trèfle fumés		426

§ 106. Rapport du poids des grains à celui de la paille.

On a constaté que pour les céréales pures et bien venues des plaines intérieures de l'Allemagne, le rapport du poids des grains à celui de la paille est généralement constant. Dans les régions agricoles très-riches, ainsi que dans les régions humides des montagnes et du littoral, ce rapport varie. Dans les premières, le poids de la paille et des balles diminue relativement à celui des grains, tandis que dans les secondes il augmente.

En général, le poids des grains est au poids de la paille :

Blé . . . comme	44 — 50	est à	100
Seigle . . —	38 — 44	—	100
Orge . . —	62 — 65	—	100
Avoine. . —	60 — 64	—	100
Pois . . —	45	—	100
Lentilles . —	112	—	100
Vesces. . —	58	—	100
Millet . . —	55	—	100
Maïs . . —	60	—	100
Colza, etc. —	80	—	100

Pour le calcul de ce rapport, on peut consulter le tableau du § 91, où l'on trouvera encore le produit en paille de beaucoup de plantes omises ici.

M. Ebert admet des rapports un peu différents de ceux ci-dessus ; il les a établis d'après des expériences de battage et de pesage faites tout exprès. Voici le tableau de M. Ebert :

100 kilogr. de gerbes des récoltes ci-dessous.	Ont donné par le battage		Rapport du grain à la paille.	Rapport de la paille au grain.
	Grains.	Paille, balles et autres déchets.		
	KILOG.	KILOG.		
Blé d'automne	34	66	100 : 194	100 : 51
Blé de printemps	32	68	100 : 212	100 : 47
Seigle d'automne	28	72	100 : 257	100 : 39
Seigle de printemps	27	73	100 : 270	100 : 37
Orge	38	62	100 . 163	100 : 61
Avoine	36	64	100 : 150	100 : 56
Pois	31	69	100 : 223	100 : 45
Lentilles	52	48	100 : 92	100 . 108
Vesces	34	66	100 : 194	100 : 51
Millet	35	65	100 : 186	100 : 55
Maïs	37	63	100 : 170	100 : 60
Colza	44	56	100 : 127	100 : 80
Récoltes en général	33	67	100 : 203	100 : 97

Ces nombres pourront être consultés à propos par le fermier, quand il veut changer l'assolement et calculer l'influence de ce changement sur la production des fourrages secs ; ou bien quand il fait le plan du régime d'hiver auquel il soumettra son bétail, car, après avoir battu une centaine de gerbes de chaque espèce, il aura une donnée suffisante pour évaluer la paille dont il pourra disposer.

§ 107. Rentrée des récoltes.

Il ne faut jamais rentrer une récolte avant qu'elle ne soit complétement sèche ou ressuyée, afin qu'elle ne souffre pas de l'humidité dans les magasins ou autres lieux de conservation. Un autre point important, c'est de combiner et d'ordonner les travaux de telle sorte qu'ils s'exécutent rapidement, se succèdent et se soutiennent sans se gêner, sans trouble et sans désordre aucun, et que même dans les moments de plus grande presse, il ne se commette ni négligence, ni gaspillage pendant le chargement, le transport, l'engrangement, l'emmeulage ou l'emmagasinage. Il n'est jamais avantageux de rentrer les récoltes pendant la nuit, si ce n'est dans des cas exceptionnels, car on expose ainsi les produits à plus d'un danger, vol, gaspillage, etc. ; en outre, les ouvriers qui ont travaillé la nuit sont épuisés et mal disposés pour les travaux du lendemain.

On évaluera le nombre des charrois ou voyages, — qui dépend naturellement de l'abondance de la récolte et de son éloignement du lieu d'emmagasinage, de l'état des chemins, etc., — d'après les données du § 69, et l'espace qu'il faudra leur conserver dans les magasins, etc., d'après le § 19.

Les frais d'ensilage pour les pommes de terre sont de fr. 2-50 à fr. 3-50 par 100 hectolitres ; pour découvrir les silos et en retirer les pommes de terre, on paye la moitié ou fr. 1-25 à fr. 1-75, ce qui fait en tout fr. 3-75 à fr. 5-25 par 100 hect. de tubercules.

La mise en cave, en cellier ou en magasin des plantes-racines, surtout des betteraves et des navets, revient moins cher que l'ensilage, surtout si ces locaux sont d'un accès facile. La mise en cave coûte de fr. 2-20 à 2-50 les 100 hectolitres. On ne devra pas oublier que les racines se conservent mieux dans les silos que dans les caves mal situées.

CONSERVATION, BATTAGE ET NETTOYAGE DES RÉCOLTES.

Préserver les récoltes emmagasinées de l'humidité du sol et de celle de l'atmosphère ; aérer convenablement les granges, les greniers et les caves ; empêcher l'air de pénétrer dans les silos ; garantir contre les gelées les silos comme les caves ; éviter une trop haute température dans les granges, greniers, caves et silos ; prévenir les vols en fermant bien tous les locaux dont les dispositions le permettent ; surveiller les travaux de battage et de nettoyage, le rationnement journalier des fourrages et la sortie des provisions qu'on retire chaque jour des magasins : voilà en résumé les mesures qu'il faut prendre et faire exécuter rigoureusement, si l'on veut tirer tout le profit possible des récoltes emmagasinées.

§ 108. Préservation des récoltes de tous les dégâts et avaries auxquels elles sont exposées dans les lieux où on les conserve.

Toutes les céréales dont la dessiccation n'aurait pas été complète ou qu'on n'aurait pas laissées ressuyer complétement après la pluie ou la rosée, doivent être engrangées au-dessus de l'aire ; de plus, il faut les battre le plus tôt possible et en utiliser aussitôt la paille. Les tuyaux ou cheminées d'aération qui viennent des étables et traversent les fenils et les gerbiers, doivent être entretenus en bon état, le foin ne doit pas être mis en contact immédiat avec les parois de ces cheminées, et si on ne peut l'éviter, il faut les entourer préalablement de paille.

Les grains seront fréquemment remués sur le grenier au moyen du pelletage, afin d'en hâter la dessiccation et d'éviter ainsi leur échauffement ; et si, par malheur, les charançons ou autres insectes nuisibles s'y étaient déjà mis, il faudrait les vanner plusieurs fois et s'en défaire au plus tôt. Les planchers seront toujours tenus proprement ; on mettra le long des murs des plantes à forte odeur, telles que des feuilles de tabac, d'absinthe, d'anis, de l'herbe aux mites ; on y répandra des vapeurs de chloroforme ou de soufre, qu'on fera même passer à travers les tas de blé. On recommande aussi comme un bon moyen de conservation le placement de tuyaux d'aération dans les tas, à l'instar des tuyaux de drainage, par lesquels on peut aussi faire passer, au lieu d'air, des vapeurs de soufre ou de chloroforme.

La température des caves, celliers, etc., contenant des racines et des tubercules ne doit pas s'élever au-dessus de + 7 à + 10 degrés centigrades, celle des silos à racines, pas au delà de + 4 degrés cent. Il faut souvent s'assurer du degré de chaleur développé dans les silos, à l'aide d'un thermomètre construit *ad hoc*, et si l'on trouve que la température dépasse 4° cent., il faut immédiatement ouvrir le silo. Ces thermomètres spéciaux se vendent dans tous les dépôts d'instruments d'agriculture. Les frais de conservation sont souvent évalués à 1 kilog. 50 de seigle par 100 kilog. de paille, de grains et de racines.

§ 109. Battage au fléau.

Ce mode de battage demande une surveillance quotidienne très-attentive relativement à l'égrenage parfait, au nombre exact des gerbes battues, à l'épaisseur à donner au lit de gerbes, et enfin à l'infidélité éventuelle des batteurs. Cette surveillance doit être continuelle, peu importe que le prix du battage soit payé en nature, d'après le *tantième* ou une portion du grain battu, soit en argent, d'après le nombre de gerbes ou d'après la quantité de grains battus, soit enfin à la journée. Dans ce dernier cas, il faut aussi surveiller l'activité des batteurs, car, alors, ils sont naturellement portés à ménager leurs forces. — Le mode de payer les batteurs à la journée est le moins sûr et le plus cher, à moins que le fermier lui-même ou son homme de confiance ne prenne part au battage. La rétribution en nature, en tantième du grain battu, n'est pas seulement la plus usitée, mais c'est encore celle où le salaire est le mieux en rapport avec les prix des grains alimentaires, et qui assure à l'ouvrier agricole ses moyens de subsistance de la manière la plus simple et la plus équitable. Mais, d'ordinaire, c'est le mode le plus cher et celui où les infidélités se commettent le plus facilement. Aussi préfère-t-on aujourd'hui payer en argent, d'après la quantité de grains battus. Cependant dans les exploitations peu compliquées, où ce sont les batteurs qui font aussi les travaux de récolte, il vaut toujours mieux payer en nature.

Au § 81, nous avons donné le prix du battage par hectolitre pour les diverses espèces de céréales. La rétribution en nature varie de la 10e à la 18e partie ou mesure. Le plus généralement on donne la 12e, la 13e et quelquefois la 14e mesure, c'est-à-dire 1 hectolit. sur 12, 13 ou 14 hectolit. de grains battus. Dans les contrées où les céréales rendent peu et où la main-d'œuvre est très-chère, le prix du battage est naturellement plus élevé. Souvent ce prix est traditionnel et repose sur des usages locaux établis depuis fort longtemps. Si cette rétribution n'est pas trop en contradiction avec les exigences de notre temps, le fermier fera bien de s'y tenir, mais ce serait assurément une folie de ne pas préparer à temps et avec réflexion les changements que les circonstances amènent, tôt ou tard, dans les rapports entre les entrepreneurs et les ouvriers, et cela souvent d'une manière brusque et violente qui ébranle tout l'édifice social. — Dans quelques contrées, on ne délivre aux batteurs que de bons grains; dans d'autres, on leur en donne de toutes les sortes, tels qu'ils sont après le nettoyage. Les uns donnent la mesure rase, d'autres la mesure comble. Dans tous les cas, il vaut mieux se servir de la mesure rase, dût-on payer un peu plus cher, car, avec la mesure comble, le domestique mesureur peut donner trop libre cours à ses passions, soit en favorisant son maître par un faux zèle de dévouement, soit en comblant la mesure en faveur des batteurs, par aversion pour celui-là ou pour capter la bienveillance des subordonnés. Tout praticien sait que la manière de remplir et de combler la mesure a une grande influence sur la quantité de grains qu'on peut y mettre; aussi ne parlerons-nous pas des précautions qu'il faut prendre à cet égard, puisqu'elles sont connues de tout le monde (1).

Quant à la manière de disposer les céréales sur l'aire à battre, nous nous contenterons de faire les remarques suivantes : elles doivent être éloignées des portes de grange d'au moins 0^m,30, et l'épaisseur du lit ne doit pas dépasser 0^m,15 au pied, sans quoi les coups de fléau ne porteraient pas jusqu'au fond. Le poids du fléau est ordinairement de 1,5 à 2 kilog. Trois batteurs font proportionnellement plus de besogne que 4, et, en général, un nombre impair de batteurs fait, toute proportion gardée, plus d'ouvrage qu'un nombre pair. Cependant cette disproportion est plus grande pour les nombres 3 et 4 que pour les nombres 5 et 6, ou 7 et 8.

Pour établir le compté des batteurs payés en argent, le fermier consultera le tableau général des salaires, tableau formé pendant ses heures de loisir. Ce tableau contiendra, dans une colonne horizontale, les salaires depuis fr. 0·20 jusqu'à 2 francs par jour, et dans une colonne verticale les journées depuis 1/4 jusqu'à 10; les

(1) On sait que le mesurage des graines au volume laisse beaucoup de latitude à l'arbitraire. En remplissant la mesure au comble, on peut tasser plus ou moins les grains. Avec la mesure raflée ou rase, on peut aussi tromper en appuyant sur le milieu de la règle (rafle, radoire) de manière à enlever une trop grande quantité de grains. On sait aussi que la grandeur des vases, la forme des graines, le mélange de graines de grosseurs diverses, influent notablement sur le mesurage. Pour éviter toute contestation, il vaut donc mieux vendre et acheter au poids, ou bien au volume et au poids à la fois.

carrés correspondants renfermeront les produits des journées par les salaires.

Pour obtenir un égrènement complet, il faut que l'aire soit bien unie et sans crevasses. Si l'aire est faite en madriers, il faut resserrer les joints au moyen de coins de temps en temps, et retourner ou renouveler les planches usées. Les aires en terre glaise doivent être réparées avec soin, et refaites par un nouveau corroyage, si cela est nécessaire. Pour renouveler une aire en terre glaise ayant 0^{m}30 d'épaisseur, on paye fr. 0-75 à fr. 0-90 par mètre carré.

§ 110. Égrenage au moyen des batteuses ou machines à battre.

De toutes les machines agricoles, ce sont les tarares et les batteuses qui se sont répandus le plus rapidement. La sûreté et la promptitude avec lesquelles la batteuse égrène les céréales; la vente et l'utilisation plus avantageuses des grains que ce battage permet de réaliser, puisqu'on peut ainsi profiter de conjonctures commerciales favorables; l'économie de temps et de main-d'œuvre qu'elle procure; l'occupation utile des domestiques et des animaux de trait qui mettent la machine en mouvement, souvent dans un temps où ils n'ont rien à faire : tous ces avantages rendent cette machine tellement précieuse qu'on peut conseiller hardiment au fermier, dans la plupart des cas, de s'en procurer une. Nous ajouterons qu'une batteuse affranchit les domestiques d'un travail dur et pénible, et rend le fermier indépendant de leur bon vouloir. Le fermier a sans doute besoin, pour faire des liens, pour couvrir quelques hangars, d'un peu de paille qui ne soit ni brisée, ni écrasée, mais il pourra toujours se la procurer par le battage au fléau. Quant à la paille brisée,

14.

aplatie par l'action des batteuses, elle est, dans cet état, plus propre à l'alimentation du bétail, qui la préfère du reste à la paille pleine et entière; ensuite, elle fournit une litière plus douce, et les bons hache-paille la coupent plus également que la paille longue. D'ailleurs les machines qui battent *en travers* laissent la paille entière.

Si le fermier se décide à faire l'acquisition d'une batteuse à cause du manque de gens de travail, il ne choisira naturellement pas une machine à bras, mais bien une machine mue soit par les bêtes, soit par l'eau, soit enfin par la vapeur. En effet, tous les avantages d'une batteuse ne se manifestent que si l'on emploie une *force motrice* moins chère que les forces humaines; dans la plupart des conditions agricoles de l'Allemagne, ce sont les bêtes de trait, aujourd'hui du moins, qui conviennent le mieux pour mettre les batteuses en mouvement. Il va sans dire que le fermier qui dispose d'un cours d'eau de la force de quelques chevaux doit s'empresser d'en profiter pour mettre en mouvement toutes ses machines, batteuses, tarares, broyeurs, concasseurs, etc.; car c'est le moteur le plus économique et le plus commode, à cause de l'égalité de mouvement qu'il transmet.

Excepté les *rouleaux à dépiquer*, les *fléaux mécaniques* et les *machines hollandaises*, dont l'emploi est purement local, toutes les machines à battre sont construites d'après le principe de l'Écossais Meikle, et la plupart sont mises en mouvement à l'aide d'un manége. Les batteuses sont composées essentiellement d'un tambour garni à sa circonférence de barres longitudinales, unies ou dentées, ou d'un cylindre plein dans lequel sont fixées verticalement des pointes en fer : ce tambour ou cylindre batteur tourne avec une très-grande rapidité et passe tout près du contre-batteur fixe, qui n'est autre chose qu'une portion de tambour ou cylindre, concentrique au batteur tournant et garni comme lui de barres longitudinales, unies ou dentées, ou de quelques rangées symétriques de pointes. Le blé en passant entre le batteur et le contre-batteur, est égrené, soit par l'action énergique des battes, soit par la friction des dents qui agissent à la manière des dréges qui servent à égrener le lin. Dans les petites machines, la paille battue glisse le long d'une grille et doit être enlevée et secouée par un ouvrier; dans les grandes, un ou plusieurs appareils secoueurs saisissent la paille sortant d'entre les batteurs, la secouent et la lancent hors de la machine (1).

La plupart des batteuses peuvent être munies d'un tarare, et les plus récentes sont si simples et si légères de construction qu'on peut les transporter sur un chariot. Pour les amateurs de paille entière pleine, il y a les *machines battant en travers*, où la paille est introduite parallèlement à l'axe du tambour batteur, contrairement à ce qui se passe dans les *machines qui battent en long*.

Les machines battant en travers doivent avoir un

(1) Quelques machines sont même munies d'un appareil destiné à faire repasser entre les batteurs les épis qui n'ont pas été égrenés à leur premier passage. Un des meilleurs appareils secoueurs, c'est celui de Brinsead. Ce secoueur, armé de dents courbes, saisit la paille battue et la fait avancer lentement en la secouant énergiquement. Ransome a adapté ce secoueur à sa *Bolting-machine* (machine en travers). Cette batteuse, qui marche au moyen de la vapeur, égrène bien, fournit une paille entière, sépare parfaitement les grains de la paille, des menues pailles, des otons, des mauvaises graines et de la poussière; elle fait, en un mot, un travail presque parfait.

cylindre bien plus long, dépensent plus de force motrice et coûtent plus cher que les autres.

Les machines les plus recommandées aujourd'hui pour les grandes exploitations sont construites d'après les systèmes de Garret, Ransome et Crosskill, et pour les moyennes et les petites fermes, d'après ceux de Hensmann et de Barrett. — Les grandes machines, mises en mouvement par 4 à 8 bêtes de trait et desservies par 8 personnes, peuvent battre 120 à 180 gerbes par heure, quand elles marchent continuellement, mais elles battent davantage si le travail n'est que momentané. Les machines mues par 2 bêtes et servies par 5 ou 7 hommes battent en 1 heure 60 à 90 gerbes, selon que le contre-batteur est plus ou moins rapproché du batteur : cet écartement se règle avec une grande précision dans la machine de Barrett.

Celui qui veut faire l'acquisition d'une batteuse ne doit jamais oublier que l'égrènement parfait, le battage expéditif et prompt, une petite force motrice, la solidité et la durée de la machine ainsi que la modicité de son prix sont des conditions qui s'excluent en partie les unes les autres, et ne peuvent, par conséquent, jamais se trouver réunies dans une seule et même machine.

Voici les résultats que l'on a obtenus en Angleterre avec différentes machines mues par la vapeur :

MACHINES.	Chevaux-vapeur (75 kilogrammètres) nécessaires.	Degré de l'égrenement.	Degré de conservation du grain.	Utilisation possible de la paille.	Moyenne de ces 4 points.
Crosskill	9.84	80	100	100	93.3
Hensmann	10.67	100	100	100	100
Holmes	12.06	100	100	87.5	95.5
Garrett	13.96	90	100	100	96.3
Hornsby	16.88	90	75	50	71.6
Barrett	17.88	90	83.5	100	87.6

La force d'un cheval-vapeur est calculée de manière à battre 125 kilog. de gerbes de blé par minute.— Les machines qui conviennent le mieux pour l'Allemagne sont celles qui sont construites d'après les systèmes de Garrett, Ransome, Hensmann et Barrett.

Pour la mise en mouvement des grandes machines qui ne sont pas transportables, on recommande surtout les manéges de Crosskill, de Garrett, de Wolf, de Pinet, ou le manége américain; pour les petites machines, on se sert beaucoup du manége de Barrett, à cause du peu de place qu'il occupe, et de la bonne conservation que lui assure le cylindre protecteur dont il est recouvert. Les prix de ces machines, y compris les manéges, varient de 450 fr. à 3,000 fr. (Voir § 13.)

§ 111. Vannage et nettoyage des grains, etc.

Pour utiliser convenablement les grains, il faut non-seulement qu'ils soient détachés des épis, mais encore qu'ils soient bien nettoyés, bien purs de tout mélange étranger, sinon ils seraient impropres à l'ensemencement, à la mouture, à la vente, et même à l'alimentation du bétail. Là où l'on cultive des méteils ou grains mélangés, le triage est indispensable. Aucune machine n'est aussi propre à cet usage que le tarare, qui, dans sa perfection actuelle, vanne et nettoie, au moyen d'un système de cribles, toutes sortes de grains. Cet appareil dispense du vannage à la main, soit avec le van, soit avec la pelle. Tout cultivateur doit être en possession d'une machine aussi précieuse et aussi utile.

Le *trieur de Vachon* mérite surtout d'attirer l'attention dans les localités où l'on a à combattre l'ivraie et d'autres mauvaises graines lourdes et rondes ; avec cet instrument on peut préparer un blé parfait pour la mouture.

Au nettoyage, le rapport du *petit blé* au blé de 1re qualité varie selon la nature du sol et les conditions météorologiques sous lesquelles ils se sont développés. En grande moyenne ce rapport est comme suit :

Pour le blé	10 p. c.	de petit grain.
Pour le seigle . . .	6	—
Pour l'orge	8	—
Pour les légumineuses.	5	—

Quant à l'avoine, ce n'est que pour la semence qu'on opère un triage rigoureux, et la quantité de grain inférieur qu'elle donne est très-variable pour cette céréale.

Pour nettoyer la graine de lin on se sert le plus avantageusement d'un crible à marteaux dont les fils métalliques sont parallèles au lieu de former des mailles, et où la descente des graines est provoquée par l'action de petits marteaux qui se lèvent et retombent alternativement.

Dans la culture en petit, on égrène le maïs à la main ou au fléau, mais alors l'opération est très-lente, et dans la culture en grand, on l'exécute à l'aide de l'égrenoir mécanique : on vante surtout ceux de Mariott, de Hallié et de Desportes. Les épis sont égrenés par l'action d'un disque vertical en fonte, cannelé ou couvert de saillies ; ces saillies détachent les grains par le mouvement de rotation rapide imprimé au disque.

Le nettoyage des racines et des tubercules est indispensable dans toutes les fermes. Dans les petites exploitations on les lave dans une auge ou dans un laveur à cylindre et à claire-voie. Mais, dans les grandes fermes et dans les fabriques, il vaut mieux se servir du lave-racines mécanique dont le cylindre, à claire-voie à l'intérieur, est muni d'une vis d'Archimède, également à claire-voie : cette vis saisit les racines à une extrémité du cylindre, leur en fait parcourir toute la longueur en les frottant les unes contre les autres, et les déverse, nettoyées et bien lavées, par l'autre extrémité.

ÉCONOMIE DU BÉTAIL : SOINS, PANSAGE, AFFOURRAGE-
MENT ET ÉDUCATION DES ANIMAUX DOMESTIQUES.

L'observation la plus fidèle des meilleurs principes d'éducation, les plus sages déterminations relatives au rapport qui doit exister dans toute exploitation entre les diverses espèces de bétail et leur destinée ultérieure, les dispositions les plus intelligentes sur la quantité et la composition des rations; toutes ces mesures, excellentes en elles-mêmes, sont évidemment inutiles et superflues, si les soins et l'entretien des animaux sont négligés ou appliqués d'une manière inintelligente. Eh bien! malgré l'importance de ces soins, la négligence est si grande et si générale sous ce rapport, que nous croyons devoir donner les principales conditions d'une bonne direction de l'économie du bétail.

Propreté et aération des étables et écuries; emplacement suffisant pour les animaux; bons soins, qui seront d'autant plus faciles à donner et d'autant moins coûteux que l'alimentation sera plus substantielle et plus abondante; exercice et ébats au grand air, et tranquillité et repos suffisants après l'affourragement et pendant la nuit; précaution d'éviter tout effort de travail exagéré et toute utilisation dépassant la mesure normale de la productivité; observation rigoureuse du temps et de l'ordre d'affourragement; précaution de ne jamais donner des aliments gâtés ou nuisibles; préparation économique et avantageuse des fourrages; transition ménagée et non brusque d'un régime à un autre; recours en temps opportun aux lumières d'un vétérinaire, en cas de maladie des bestiaux, et observation rigoureuse des prescriptions de celui-ci, ainsi que de celles des commissions sanitaires, en cas d'épizootie : voilà les principaux points qui doivent faire l'objet d'une surveillance continuelle et attentive de la part de tout possesseur de troupeaux.

Il n'y a pas dans une ferme, pour ainsi dire, de branche où les bons soins se payent mieux, soient aussi productifs et aussi rémunérateurs que dans l'économie du bétail ; mais, en revanche, il n'y en a pas non plus où la moindre négligence ait des conséquences aussi graves et aussi promptes. Cette considération seule devrait exciter le jeune fermier à déployer dans cette branche l'activité la plus soutenue et la plus infatigable, car l'insuccès y est toujours dû à l'absence des soins, des précautions et de l'intelligence nécessaires.

§ 112. Temps des repas.

A chaque repas, les animaux doivent recevoir assez d'aliments pour être rassasiés, et en telle proportion que les fonctions de la digestion s'accomplissent d'une manière normale. Il faut affourrager trois ou quatre fois par jour, et les jeunes animaux plus souvent que les adultes. Chez les ruminants, l'acte de la rumination exige 1 heure et $\frac{1}{2}$ à 2 heures pour être complet ; il ne faut jamais donner une nouvelle ration avant que tous les aliments du dernier repas soient complétement remâchés, ruminés. Dans un affourragement normal et régulier, il faut donc qu'il y ait un intervalle de quatre heures environ entre les divers repas ; avec tous les aliments liquides ou faciles à digérer, qui ne restent pas longtemps dans la panse, il faut rapprocher le temps des repas, et donner une ration toutes les deux heures, tandis qu'avec les aliments indigestes, très-volumineux et gonflant l'estomac, il faut éloigner le temps des repas et n'affourrager que deux fois par jour, surtout si les animaux sont inoccupés. Il ne faut jamais donner de grandes rations à la fois, surtout quand il s'agit de fourrages menus, divisés, qu'on dépose dans les auges ou les crèches ; au contraire, il faut toujours les distribuer par parties, et jamais plus que l'animal n'en peut consommer. Après chaque repas complet, il faut accorder à l'animal un certain temps de repos, surtout si sa ration se compose de fourrages volumineux. Forcer les animaux à travailler avant qu'ils aient digéré les aliments qu'ils viennent de manger, comme malheureusement beaucoup de fermiers, poussés par une activité mal entendue, ont la funeste habitude de le faire, c'est gaspiller de gaieté de cœur des forces de travail, du capital et des fourrages. C'est surtout chez les ruminants qu'il faut observer cette recommandation. Pour la nuit, on ne donne qu'une quantité de fourrage relativement petite, et encore faut-il qu'elle soit très-digestible. Ce n'est que quand l'activité de l'estomac commence à se ralentir que les fonctions de l'assimilation l'emportent sur celles de la digestion.

§ 113. Préparation des aliments.

L'agriculteur doit toujours considérer les frais en même temps que les avantages qui résultent des divers modes de préparation des fourrages, soit par l'augmentation de leur valeur nutritive pour certains buts déterminés, soit par l'amélioration de bien-être et la santé florissante qu'ils procurent aux animaux qui les consomment.

Nous dirons quelques mots des diverses méthodes de préparations, dont nous avons, du reste, déjà parlé au § 37.

a. *Concassage, broyage et mouture* des grains destinés à l'alimentation du bétail. Le concassage n'est qu'une préparation à la mastication; il est employé pour les animaux dont les dents sont encore jeunes, tendres, ou pour ceux dont l'appareil dentaire est déjà usé, de même que pour les animaux voraces. On l'emploie encore quand il s'agit de donner aux animaux des aliments substantiels, plastiques, propres à développer les forces musculaires ou de travail. Aussi, le concassage n'est-il généralement usité que pour les chevaux et les jeunes animaux. Quant au broyage et à la mouture, on les pratique avantageusement pour tous les animaux qui avaleraient les grains sans les mâcher, ou qui ne les mâcheraient qu'imparfaitement, tels que les ruminants, les porcs et les animaux dont les dents sont usées, enfin pour ceux qu'on tient non pour leurs forces musculaires, mais pour la production du lait et de la viande. Cette division s'opère, comme on sait, à l'aide des concasseurs et des broyeurs. Si le fermier est obligé de mettre ces machines en mouvement à force de bras, il est rare que l'emploi en soit lucratif, surtout si les salaires sont élevés, et s'il existe dans le voisinage des moulins qui servent loyalement leurs pratiques. Mais si le fermier peut mettre ces machines en mouvement avec une force motrice autre que celle de l'homme, — animaux, vapeur, eau, vent — soit directement, soit en les combinant avec la batteuse, etc., alors leur emploi ne pourra être qu'avantageux.

Les broyeurs et les concasseurs varient dans leur construction, mais en général l'écrasage et le simple concassage sont effectués par deux cylindres unis, de diamètres égaux ou inégaux, tandis que le broyage et la grosse mouture sont exécutés ou par des meules repiquées ou rhabillées, ou par une paire de cylindres en acier trempé, rayés parallèlement à l'axe, ou en spirale, ou bien encore par des disques unis ou rayés, enfilés excentriquement sur deux axes parallèles et tournant en sens contraire. Parmi ces machines, on vante beaucoup : 1º le concasseur de Turner, qui écrase par heure et par force de cheval 280 kilog. d'avoine ; 2º le concasseur rhénan qui, mû par deux hommes, écrase par heure 100 à 110 litres d'avoine ; 3º le moulin à égruger d'Allemagne, composé de deux meules dont l'une est fixe et dont l'autre tourne : mis en mouvement par trois hommes, ce moulin écrase, égruge par heure 100 à 130 litres ; 4º enfin les petits moulins écraseurs d'Angleterre, mus ordinairement par deux hommes, entre autres celui de Whitmee, qui moud, écrase environ 50 litres par homme et par heure.

Les concasseurs de tourteaux ne divisent ordinairement que grossièrement, à l'aide d'un ou de deux cylindres en acier trempé. Si l'on veut réduire les fragments de tourteaux en farine, on les fait passer ensuite par une seconde paire de cylindres cannelés, comme cela se pratique avec les machines de Hornsby, de Garrett et de Ransome.

Voici les résultats que M. Ebert a obtenus dans les essais pratiques qu'il a faits avec les concasseurs les plus estimés. Le prix de la journée de travail de dix heures étant calculé à 1 fr. 25 c., l'intérêt du prix d'acquisition à 5 p. c., l'usure à 10 p. c., le broyage de 275 litres coûte :

	Pour 275 litres. Francs.	Pour 1 hectolitre. Francs.
Avec le grand concasseur rhénan . . .	1,15	0,418
— petit concasseur rhénan	0,40	0,145
— broyeur de Whitmee	0,36	0,131
— broyeur de Smith	0,32	0,116
— moulin de Bogardus	0,65	0,236

b. *Hachage de la paille, du foin et des fourrages verts*. On le pratique pour les pailles dures et les fourrages verts à consistance ligneuse, afin d'aider à la mastication et de prévenir le gaspillage qu'en feraient les animaux sans cette division préalable; on le pratique encore quand on mélange les fourrages pour en faciliter la digestion, ou pour éviter les inconvénients que présente la distribution d'un fourrage unique, comme, par exemple, la météorisation produite par quelques fourrages verts; enfin quand on prépare des buvées, des soupes et des aliments fermentés. La longueur de la paille hachée doit être proportionnée aux organes digestifs des animaux; pour les chevaux, elle ne doit pas avoir plus d'un 1/2 centimètre de longueur; pour les moutons; 1/2 à 1 centimètre; pour l'espèce bovine, pas moins de 2 centimètres.

Le fourrage vert est mélangé aussitôt après la division avec de la paille hachée; on n'entassera pas le mélange, sans cela il s'échaufferait.

Ce n'est que dans les petites fermes et avec une nourriture peu abondante en paille qu'on peut se contenter de l'usage du petit hache-paille à levier; ailleurs, l'emploi d'un bon hache-paille mécanique sera toujours avantageux.

Une bonne machine coupe, à la longueur voulue, toutes les pailles, longues ou mêlées et tous les fourrages, secs ou verts. Les hache-paille les plus connus sont : le hache-paille allemand à levier dans lequel un couteau concave mis en mouvement par un levier, coupe la paille ; la machine de Leicester (système écossais ou suédois), où un volant, muni d'un ou de plusieurs couteaux concaves et bien tranchants, coupe la paille ; le hache-paille de Salmon-Passmor, dans lequel les lames sont fixées sur un tambour qui vient araser la paille ; le système Gillet, où une lame placée obliquement et mise en mouvement par un volant, descend et remonte dans une rainure et coupe ainsi la paille, soit seulement en descendant, soit encore en remontant ; enfin le système américain (Stoll-Thiel), composé essentiellement d'un cylindre dans lequel sont implantés perpendiculairement, et dans le sens de la longueur, des couteaux contre lesquels vient appuyer un second cylindre, ordinairement revêtu de caoutchouc. Les machines construites d'après les deux derniers systèmes ont encore bien des défauts, elles sont cependant moins défectueuses que d'autres que nous passerons ici sous silence.

Là où une seule personne est chargée de la besogne, un hacheur exercé et vigoureux fait plus d'ouvrage, à la longue, avec le hache-paille à levier qu'avec celui de Leicester ; ce dernier attaque fortement la poitrine de l'ouvrier, par suite du mouvement de rotation qu'il est obligé d'imprimer au volant (1). Mais là où l'on emploie des ouvriers moins forts, moins habiles, ou bien plusieurs à la fois et seulement pendant quelques moments de la journée, les machines écossaises ou à rota-

---

(1) L'auteur avait un domestique qui pendant tout l'hiver coupait journellement, avec le hache-paille à levier, 120 bottes de paille de 10 kilog. chacune, et cela à la longueur de 1/2 à 2 centimètres, selon la destination de la paille.

tion sont préférables. Quand on peut appliquer comme force motrice les animaux, l'eau ou la vapeur, on devra adopter le système à volant avec plusieurs couteaux, ou celui de Passmor, avec lequel on peut couper 200 kilogr. de paille par heure.

c. *Division des racines et des tubercules.* On coupe les racines en morceaux pour en faciliter aux animaux la division et la mastication, ou bien pour en rendre le mélange avec d'autres fourrages plus facile. Les racines coupées doivent être consommées immédiatement, parce que, exposées longtemps à l'air, elles deviennent insipides et coriaces. Les grands morceaux, soit en rondelles, soit en lanières, soit enfin en cubes, ne peuvent être avalés sans être divisés, mâchés, tandis qu'une mastication préalable n'est plus nécessaire pour les morceaux de moyenne grandeur. Un écrasage complet n'est indispensable que quand on veut en faire un mélange intime avec de la paille hachée très-courte ; cependant cette méthode, vu le surcroît de frais qu'elle occasionne, n'est pas économique comparativement à une division plus grossière. Toutes les fois qu'on donne beaucoup de racines à ses bestiaux, il est avantageux de se servir de coupe-racines, dont deux surtout peuvent être recommandés : celui de Samuelson-Gardner, et celui de Suède. Dans le coupe-racines de Gardner, les couteaux, qui sont des lames d'acier très-minces, sont soudés sur les bords d'un cylindre creux, découpé à angles droits et en forme d'escalier ; à chaque lame horizontale est soudée une lame verticale ; le bord opposé de cette découpure fait aussi l'office d'une lame horizontale qui coupe les larges tranches ; ici il n'y a qu'un ou deux couteaux verticaux. Si l'on tourne dans un sens, les petites lames à angle droit coupent de petites lanières prismatiques de 2 centimètres de longueur sur 1 centimètre 2 d'épaisseur ; si l'on tourne dans l'autre sens, les lames horizontales et plates coupent des tranches larges de 5 centimètres et épaisses de 1 centimètre 6. Deux ouvriers coupent avec cette machine 25 quintaux de racines par heure.

En Allemagne, le coupe-racines de Hohenheim est encore plus répandu : les couteaux, placés sur un volant ou disque vertical, reçoivent un mouvement circulaire et passent devant l'ouverture de la trémie, où les racines, pressées contre l'orifice, sont débitées par tranches. Avec une bonne machine de ce système, un ouvrier peut couper par heure 6 à 8 quintaux de racines, en tranches de 6 à 9 millimètres d'épaisseur.

Machines d'après le système de Coke (Burgess et Key) Au fond de la trémie, se trouve un châssis muni de couteaux à deux tranchants ; on imprime à ce châssis un mouvement de va-et-vient à l'aide d'un levier coudé ou d'une manivelle ; le coupage est régulier, mais il faut une grande dépense de forces.

Quant aux coupe-racines construits d'après des systèmes qui n'ont pas encore reçu la sanction de l'expérience, le fermier doit se garder d'en faire la dépense.

d. Le *trempage et le gonflement préalable des grains dans l'eau* est un moyen de faciliter l'assimilation des grains indigestes, surtout des féveroles, vesces, etc., et d'éviter le gonflement ultérieur dans l'estomac.

e. La macération dans de l'eau bouillante, dans des résidus de distillerie ou dans d'autres liquides analogues, augmente de 15 à 20 p. c. la valeur nutritive des fourrages secs et volumineux (foin, paille). Cette méthode sera d'autant plus lucrative, que le chauffage de l'eau sera moins coûteux ; il faut donc tenir à une disposition économique des foyers, etc. Ces mêmes principes s'appliquent :

f. A la cuisson des aliments, soit à l'eau, soit à la vapeur, opération qui rend les grains très-digestibles et partant très-assimilables, et en augmente ainsi la valeur nutritive de 20 à 30 p. c.

Pour cuire 3 litres de grains, on emploie 6 à 9 litres d'eau ; par la cuisson, toutes les substances nutritives, excepté l'albumine, deviennent plus solubles et plus faciles à digérer. Cela est vrai surtout pour l'amidon ou fécule : voilà pourquoi tous les aliments composés principalement de substances amylacées, comme la pomme de terre, possèdent une valeur nutritive plus grande après la cuisson. Parmi les appareils à vapeur destinés à cuire le foin, la paille, les racines, celui de Stanley est le meilleur ; il occupe peu de place et dépense comparativement peu de combustible.

g. L'échauffement spontané est un procédé encore moins cher pour rendre plus soluble et plus digestible une grande quantité de paille ou de foin pailleux. Là où l'on utilise beaucoup de paille comme fourrage et où les combustibles sont chers, le fermier, qui doit économiser toujours et partout, fera bien d'adopter cette méthode, pour autant du moins qu'il possède un local où la température puisse être réglée à volonté, et qu'il ait des domestiques tout à fait expérimentés dans la préparation des aliments. Les substances végétales s'échauffent spontanément lorsqu'on les humecte fortement, et qu'on les met ensuite en tas. La température s'élève, il se dégage quelques légères vapeurs, les substances cuisent pour ainsi dire dans leur jus, et, en ajoutant des corps fermentescibles, la fermentation alcoolique commence bientôt : c'est après cette fermentation que les fourrages sont le mieux consommés et utilisés par les animaux. Le foin, la paille et les balles, avec une addition de racines découpées, de grains broyés, de résidus, de pulpes, de marcs et un peu de sel, sont les substances les plus propres à ce mode de préparation. Selon la nature et le volume des matières, le mélange est bon pour la consommation après trente-six à soixante-douze heures : il est d'une digestion plus facile que les aliments cuits. La difficulté de faire arriver ce mélange, dans un temps déterminé, et pendant les chaleurs de l'été comme pendant les froids de l'hiver, à la fermentation alcoolique, sans s'arrêter au simple échauffement et sans aller jusqu'à la fermentation acide, explique pourquoi cette méthode, si bonne en elle-même, n'est pas plus répandue.

h. La difficulté d'établir une fermentation régulière s'est opposée jusqu'ici à une application générale du *maltage* des pommes de terre cuites et écrasées, qui consiste à les mélanger avec du malt moulu ou avec d'autres farineux, ou avec plusieurs de ces substances à la fois. Ce mélange est livré à la consommation dès qu'il a contracté un goût aigre-doux, c'est-à-dire dès que l'acide lactique commence à se former (fermentation acide); dans cet état, ce mélange est très-propre à la production du lait. Les mélanges de pommes de terre et de farineux, qui ont subi un commencement de fermentation acide sans addition de malt, sont au contraire très-favorables à l'engraissement. Pour que les aliments aigres, acidulés ne répugnent pas aux animaux et ne leur deviennent pas nuisibles, il faut tenir les vases et les crèches dans un grand état de propreté, afin que l'acidité n'aille pas jusqu'à la putridité. Pour préparer le malt doux (alcoolique), on met, par hectolitre de pommes de terre, 50 à 65 litres de malt d'orge et 20 à 30 litres d'eau.

i. Conservation des fourrages au moyen du sel. On les tasse par couches successives, saupoudrées de sel, dans des cuves ou dans des fosses. Ce procédé acquiert une grande importance quand il s'agit de conserver une masse considérable de fourrages verts, qui, sans cette préparation, se gâteraient ou ne seraient pas mangeables. Quant à la panification, au grillage et à la germination des grains, ces méthodes ne trouvent leur application que pour des cas hygiéniques particuliers, ou dans des circonstances locales tout à fait exceptionnelles.

§ 114. Évaluation des dépenses occasionnées par l'élevage du bétail.

Les dépenses nécessaires pour élever un animal pourvu, à un haut degré, d'aptitudes spéciales, en vue d'une utilisation particulière, ne sont pas ou ne sont guère plus fortes que celles qu'exige l'élevage d'un animal dépourvu de ces aptitudes, ou qui ne les possède qu'à un faible degré. C'est donc une mauvaise mesure économique que de consacrer beaucoup de frais d'élève à un animal qui n'aura que peu de valeur plus tard, tandis qu'avec la même dépense on élèverait un animal de grand prix.

Pour les dépenses d'élevage, il faut porter en compte : la valeur de l'animal au moment de sa naissance (1); celle de la nourriture consommée par le jeune animal jus-

(1) Cette valeur doit être portée en compte, attendu qu'elle doit compenser l'usure de la mère par suite de la parturition et de l'allaitement, de même que la perte de travail ou de produits pendant la gestation et le sevrage, les frais de monte, etc.

qu'à l'âge adulte, époque où il commence à être utile ; les dépenses pour le logement, les soins et le pansage, les frais d'assurance pour risques. De ces dépenses, il faut déduire la valeur du fumier produit pendant la période d'élevage.

Les évaluations suivantes donnent les dépenses d'élevage pour les diverses espèces de bétail ; les fourrages ont été estimés à un prix élevé.

a. *Dépenses d'élevage d'un poulain jusqu'à l'âge de 3 ans accomplis. A l'écurie.*

	Francs.
Valeur du poulain	60 »

Fourrages consommés la 1ʳᵉ année, pendant 280 jours (on a déduit 85 jours pour l'allaitement). Par jour :

Avoine, 2 kilog., donc en 280 jours 560 kilog. à fr. 11-25 les 100 kilog. . . . . 63 »

Foin, 2,50 kilog., donc en 280 jours 700 kilog. à 5 fr. les 100 kil. 35 »

Paille fourragère, 1 kilog., donc en 280 jours 280 kilog. à fr. 2-50 les 100 kilog. . . . . 7 »

Paille-litière, 1,50 kilog., donc en 280 jours 420 kilog. à fr. 2-50 les 100 kilog. 10 50

Fourrages consommés la 2ᵉ année. Par jour :

Avoine, 2,50 kilog., donc en 365 jours 912,50 kilog. à fr. 11-25 les 100 kilog. 102 65

Foin, 4 kilog., donc en 365 jours 1460 kilog. à 5 fr. les 100 kilog. . . . . 73 »

Paille fourragère, 2 kilog., donc en 365 jours 730 kilog. à fr. 2-50 les 100 kilog. 18 20

Paille-litière, 2 kilog., donc en 365 jours 730 kilog. à fr. 2-50 les 100 kilog. 18 20

Fourrages consommés la 3ᵉ année. Par jour :

Avoine, 3 kilog., donc en 365 jours 1095 kilog. à fr. 11-25 les 100 kilog. 123 20

A reporter. 510 75

                                                        Francs.
                                  Report. 510 75
Foin, 4,50 kilog., donc en 365 jours 1642,50 kilog. à 5 fr. les
    100 kilog. 82 12
Paille fourragère, 2 kilog., donc en 365 jours 730 kilog. à
    fr. 2-50 les 100 kilog. 18 20
Paille litière, 2,50 kilog., donc en 365 jours 912,50 kilog. à
    fr. 2 50 les 100 kilog. 22 81
Sel ou condiment succédané pour trois ans 3 12
Logement par an fr. 8-12, pour trois ans. 24 37
Dépenses pour soins, pansages, y compris les frais d'usten-
    siles, etc., par an 30 fr. . . . .   90 »
                                                          ____
                                  Somme. . . .   751 37
Pour accidents et risques, 5 p. c. de la somme des dépenses
    ou de fr. 751-37, soit. 37 57
                                                          ____
                                  Total. . . .   788 94

De cette somme il faut déduire la valeur du fumier :

Le poulain a consommé, non compris l'avoine, 3802,50 kil.
    de foin et 1,740 kilog. de paille, ou en tout 5542,50 kilog.
    de fourrage sec.
De plus, paille pour litière 2062,50   —
                                                 ____
                                  Total. . . . 7605,00 kilog.
    nombre qui, multiplié par 2, donne 15,210 kilog. de
    fumier, lesquels, estimés à fr. 0-375 les 100 kilog. (1), don-
    nent 114 06
                                                          ____
Si l'on déduit ces fr. 114-06 de fr. 788-94, il reste. 674 88
    ou, en nombre rond, 675 fr. pour les dépenses d'élevage
    d'un poulain de trois ans.

Le fumier produit par l'avoine n'a pas été compté ; il

____

(1) Les déjections fraîches (voir § 86) ont une bien plus grande valeur que celle adoptée ici, et cela parce qu'il est malheureusement
très-rare qu'on soigne, toute l'année, le fumier assez bien pour qu'il ne
perde rien de sa valeur. Nous avons vu (§ 86) que cette déperdition
pouvait aller jusqu'à la moitié de la valeur du fumier frais ; en omet-
tant l'avoine, on ne tient donc pas même compte de toute cette diminution. Mieux un fermier soigne son fumier, plus il approchera de la
valeur donnée au paragraphe précité.

compense les différentes pertes subies dans le tas et ailleurs.

Au commencement de la quatrième année, on emploie généralement les jeunes chevaux à des travaux légers ; là où cette pratique n'est pas usitée, il faut naturellement encore porter en compte la nourriture de la quatrième année.

La nourriture au pâturage coûte 20 p. c. de moins que celle donnée à l'écurie ; un poulain élevé au pâturage aurait donc coûté, pendant les trois premières années,

$$675 \times \frac{80}{100} = 540 \text{ francs.}$$

Dans les contrées où le prix des bons chevaux n'est pas assez fort pour couvrir les frais d'élevage, le fermier doit renoncer à cette spéculation. L'élève d'un mauvais cheval n'est pas même lucrative quand les fourrages sont à bas prix, à plus forte raison ne l'est-elle pas quand ces prix sont élevés.

b. *Dépenses d'élevage pour une bête à cornes de trois ans.*

Première année.

	Francs.
Valeur du veau âgé de sept jours.	13 15
Valeur du lait consommé pendant les 14 jours suivants, 7 lit. par jour ; en 14 jours, 98 litres à fr. 0-11 le litre	10 78
Valeur du lait consommé pendant les 7 jours suivants, 8,50 lit. par jour ou 59,50 litres	6 45
Valeur du lait écrémé pendant les 7 jours suivants, 12 litres par jour ou 84 litres, à 5 centimes le litre.	4 20
Plus, 2,50 kilog. de foin	» 12
Lait écrémé consommé pendant les 28 jours suivants ; par jour, 13,80 lit. 386 litres, à 5 cent.	19 32
Plus 25 kilog. de bon foin, partie en nature, partie en décoction dans le lait.	1 20
A reporter.	55 22

	Francs.
Report.	55 22
Lait caillé consommé pendant les 35 jours suivants, 7 litres par jour ou 245 litres, à 3 cent..	7 35
Plus 37,50 kilog. de foin	1 80
5 kilog. de tourteaux	» 37
10 kilog. d'avoine.	1 12
Lait caillé consommé dans les 49 jours suivants, 180 lit. à 3 cent.	5 40
62,50 kilog. de foin à 5 francs les 100 kilog.	3 12
7,50 kilog. de tourteaux	» 62
15 kilog. d'avoine	1 62
Avoine consommée dans les 218 jours suivants, 87,50 kilog. .	9 85
Foin — 275 kilog.	13 75
Sel pour l'année, 2,50 kilog.	» 63
Paille-litière pour l'année, 300 kilog. à fr. 2-50 les 100 kilog.	7 50
Somme. . . .	108 35

Dans les localités où le lait est cher, on en donnera
moins, mais on le remplacera par des succédanés ou aliments équivalents.

Deuxième année.

Chaque jour 1/3 kilog. d'avoine, = 122 kilog. à fr. 11-25 les 100 kilog.	13 75
— 1,75 kilog. de foin, = 638,75 kilog. à 5 francs les 100 kilog.	31 83
— 4 kilog. de pommes de terre, = 1,460 kilog. à fr. 3-75 les 100 kilog.	54 75
— 2,25 kilog. de paille fourragère, = 821,25 kilog. à fr. 2-50 les 100 kilog.	18 25
— 1,75 kilog. de paille litière, = 638,75 kilog. à fr. 2-50 les 100 kilog.	18 25
— Sel, 3 kilog. à 25 cent.	» 75
Pour la deuxième année. . .	137 56

Troisième année.

Pendant 205 jours, 3,50 kilog. de foin par jour, = 717,50 kilog. à 5 francs les 100 kilog.	35 78
A reporter.	35 78

<table>
<tr><td></td><td></td><td>Francs.</td></tr>
<tr><td colspan="2" align="right">Report. . . . .</td><td>35 78</td></tr>
</table>

Pendant 205 jours, 2,25 kilog. de paille fourragère, = 461,25 kil.
à fr. 2-50 les 100 kilog. 11 58

— 6 kilog. de pommes de terre, = 1,230 kil.
à fr. 3-50 les 100 kilog. 46 12

— 0,50 kilog. d'avoine, = 202,50 kilog à
fr. 11-50 les 100 kilog. 11 53

Pendant 160 jours, 25 kilog. de trèfle vert, = 4,000 kilog. à
50 cent. . . . . 40 »

— 1,75 kilog. de paille fourragère, = 280 kil.
à fr. 2-50. . . . . 6 »

— 0,50 kilog. d'avoine, = 80 kilog. à fr. 11-25
les 100 kilog. . . . . 9 »

Pendant 365 jours, 2,25 kilog. de paille litière, = 821 kil. à
fr. 2-50 les 100 kilog. 20 53

Sel, 5 kilog. à 25 cent 1 25

Pour la troisième année. . . . 181 86

Récapitulation pour les frais de nourriture : Première année. 108 85

— Deuxième année. 137 56

— Troisième année. 181 86

Somme. . . . 524 15

A cela il faut ajouter, pour les trois ans :

Logement . . . . 30 »
Soins et pansages, ustensiles, etc. . . . . 45 »
Accidents, risques 5 p. c. de fr. 427-77 . . . . 21 38

Total général. . . 729 90

dont il faut déduire la valeur du fumier produit. La quantité du fumier peut être évaluée, d'après le fourrage consommé, à 170 quintaux environ, qui se répartissent ainsi :

Première année . 37,5 quintaux métriques.
Deuxième année . 60,0　　　—
Troisième année . 72,5　　　—

170,0 quintaux métriques à fr. 0 63

le quintal métrique (100 kilog.) = fr. 107-10.

L'élevage de l'animal a donc coûté fr. 524-15 — fr. 107-10 = fr. 417-05.

Quelque fortes que soient ces dépenses, le fermier qui, d'après son bail, ne peut vendre ni foin ni paille, ou celui qui n'a pas l'occasion d'acheter à bon marché des animaux adultes, devra nécessairement préférer l'élevage à l'achat direct, surtout si les fourrages ne lui reviennent pas aussi cher que les prix adoptés ici. L'élevage est d'ailleurs bien moins dispendieux dans les localités favorables au pâturage. Comme nous l'avons déjà fait remarquer, l'élevage coûte 20 p. c. de moins au pâturage qu'à l'étable. Il ne faut pas oublier, du reste, qu'avec une alimentation aussi abondante que celle qu'on a prise pour base dans ces calculs, les animaux mâles peuvent déjà être employés à la monte et à des travaux légers pendant la troisième année, et que les génisses peuvent déjà produire leur premier veau et entrer ainsi dans la période utile, ce qui diminue de beaucoup les frais d'élevage.

c. *Dépenses d'élevage d'une bête à laine de 3 ans.*

Ces frais sont relativement plus faibles pour les bêtes à laine que pour les autres animaux, parce que celles-là compensent en partie cette dépense par la laine qu'elles produisent déjà pendant le temps d'élevage.

	Francs.
Valeur de l'agneau après 90 jours d'allaitement	10 »

Première année.

Herbe pendant 160 jours de pâture, = 62,50 kilog. de foin à 5 francs les 100 kilog.	3 12
Paille fourragère, 0,25 kilog. en 160 jours, = 40 kilog. à fr. 2-25 les 100 kilog.	1 »
Foin, 0,75 kilog. pendant 115 jours de stabulation, = 36,25 kil. à 5 francs les 100 kilog..	4 31
A reporter.	8 43

16.

	Francs.
Report.	8 43

Paille fourragère, 0,375 kilog. pendant 115 jours de stabulation, = 43,125 kilog. à fr. 2-50. . . . .   1 06

Paille litière pour toute l'année, 30 kilog. à fr. 2-50 . . . .   » 75

Sel, 1 kilog. à 25 cent. . . . .   » 25

Valeur des aliments consommés la première année 10 50

Deuxième année.

Herbe pendant 160 jours de pâture = 85 kilog. de foin à 5 fr.
les 100 kilog.   4 25

Paille fourragère, 1/3 kilog. par jour, = 56,50 kilog. à fr. 2-50
les 100 kilog.   1 41

Foin, 0,50 kilog. par jour, donc en 195 jours de stabulation,
97,50 kilog. à 5 francs 4 87

Paille fourragère, 0,50 kilog. par jour, en 195 jours de stabulation 97,50 kilog. à fr. 2-50 les 100 kilog. 2 44

Paille litière pour toute l'année, 62,50 kilog. à fr. 2-50 . . .   1 63

Sel, 1,25 kilog. à 25 cent. . . . .   » 31

Dépense de nourriture, la deuxième année.   14 91

Troisième année.

Herbe pendant 170 jours de pâturage, = 95 kilog. de foin à
5 francs les 100 kilog. 4 75

Paille fourragère, 0,375 kilog. en 170 jours, = 63,75 kilog. à
fr. 2-50 les 100 kilog. 1 65

Foin par jour, 0,625 kilog. en 195 jours de stabulation. =
121,87 à 5 francs les 100 kilog. 6 09

Paille fourragère, 1 kil. en 195 jours de stabulation, = 195 kil.
à fr. 2-50 les 100 kilog. 3 87

Paille litière pour toute l'année, 65 kilog. à fr. 2-50 . . . .   1 63

Sel, 1,50 kilog.   » 37

Nourriture pour la troisième année.   19 30

Logement pour trois ans 3 12

Soins, etc. 1 87

Entretien des ustensiles de bergerie, etc.. . . . .   » 75

Total. . .   5 74

Total des dépenses pour les trois années : 10 + 10-50 + 14-91
+ 19-30 + 5-74 = ...   60 45

A quoi il faut ajouter 5 p. c. pour risques, etc. 3 02

Ce qui fait. . . .   63 47

Francs.

Dont il faut déduire 1° 1500 kilog. de fumier, produits en 3 ans,
à fr. 1-50 les 100 kilog. 22 50

2° 3 kilog. de laine en 3 ans, à fr. 7-50 le kilog. 22 50

Total. . . 45 »

Ainsi, après trois années d'élevage, une bête à laine coûte fr. 63-47
— 45 francs = fr. 18-47.

d. *Dépenses d'élevage pour un porc d'un an.*

Valeur du cochonneau après 45 jours d'allaitement 11 25

Nourriture pendant les 320 jours suivants :

Petit-lait et lait caillé, environ 900 litres à 2,8 cent. 25 20

Son, environ 50 kilog. 7 50

Orge moulue, environ 75 kilog. à 17 fr. les 100 kilog. . . . 12 75

Farine de maïs, 50 kilog. 11 25

Farine de sarrasin, 50 kilog. 9 37

Pommes de terre, 1000 kilog. à fr. 3-75 les 100 kilog. . . . 37 50

Valeur de la nourriture. . . . 114 82

Paille litière, 412,50 kilog. à fr. 2-25. . . . . 10 31

Somme. . . . 125 13

Logement, usure des ustensiles, réparations, etc. 4 68

Soins et castration 11 25

Total. . . 141 06

A quoi il faut ajouter 5 p. c., pour accidents, risques. . . . 7 50

Total. . . 148 56

Dont il faut déduire la valeur du fumier, produit estimé ici à

18 p. c. de la nourriture consommée, soit fr. $114\text{-}82 \times \dfrac{18}{100}$

= fr. 20-66, plus 90 p. c. de la paille litière, soit fr. 10-31 $\times$

$\dfrac{90}{100}$ = fr. 9-27, total pour le fumier 29 94

Reste comme dépense nette. . . . 118 72

Pour les truies portières, dont l'alimentation ne doit
pas être aussi abondante que celle mentionnée ci-dessus,
afin de ne pas étouffer les facultés reproductrices par un

développement excessif de la graisse, il faudrait encore
ajouter la part qui leur revient dans l'entretien du verrat.

Mais, dans presque toutes les exploitations, les dépenses d'élevage sont d'un quart à un tiers moins fortes
que celles indiquées ici, parce qu'une grande partie de
la nourriture consiste en eaux grasses, déchets de cuisine, qui, n'ayant pas de valeur vénale, ne peuvent être
utilisés que par les porcs ; les soins sont aussi accessoires.
D'après cela, l'alimentation d'un porc d'un an coûterait
en moyenne 75 à 90 francs.

e. La quantité et la nature de la nourriture de la volaille varient beaucoup, aussi est-il très-difficile d'en évaluer les frais d'éducation, même en général. En établissant des calculs rigoureux, on trouve que ces frais sont
d'un tiers plus élevés ou pour le moins aussi élevés
que les prix qu'on paye généralement pour une volaille
moyenne.

§ 115. Connaissance de l'âge des animaux par l'état de l'appareil dentaire. (Sortie, remplacement et usure des dents.)

Un éleveur soigneux connaît toujours l'âge de ses animaux, soit par les registres de naissance, soit par tout
autre moyen. Mais quand il s'agit d'acheter des animaux,
il est important de pouvoir s'assurer par soi-même de leur
âge, attendu que le vendeur n'est pas toujours disposé à
l'indiquer exactement. Outre le port général de l'animal,
sa couleur, l'état de sa robe, de l'orbite de ses yeux, des
cornes, l'état des dents donne une indication caractéristique de l'âge de l'animal. Cependant il ne faut pas
croire que ce soit un signe infaillible, car la précocité
plus ou moins grande de la race ou de l'individu, le déve-

loppement rapide ou lent par suite d'une nourriture abondante ou chétive, la nature des aliments, la manière de soigner, de panser les animaux, toutes ces causes ont une grande influence sur l'époque de la sortie, du remplacement et de l'usure des dents. La rapidité de croissance, une nourriture abondante, des soins extraordinaires ont généralement pour effet une sortie plus précoce, mais aussi une usure plus prompte des dents. Les aliments mous, tièdes, contenant beaucoup d'acides, et les maladies, favorisent, au contraire, singulièrement l'usure de l'appareil dentaire.

Pour faciliter la connaissance de l'âge des animaux par l'inspection des dents, nous donnons ici, avec quelques légères modifications, les tableaux que M. Schober a publiés en 1856.

I. — *Sortie et remplacement des dents.*

DENTS servant à l'appréciation de L'AGE DES ANIMAUX.	CHEVAL.		RUMINANTS.		PORC : Incisives : 6/6 ; crochets 2/2 ; surdents : 2/2 ; molaires : 12/12.	
	Sortie ou éruption.	Remplacement.	Sortie.	Remplacement.	Sortie.	Remplacement.
I. INCISIVES :						
Pinces.	Avant ou quelques jours après la naissance.	2 ans et 1/2.	Avant ou quelques jours après la naissance.	18 mois.	4 semain.	1 an.
1res mitoyennes. . . .	4 à 6 semaines.	3 ans et 1 2.	3 ans et 1/2.	2 ans et 1/2.	3 à 4 mois.	18 mois.
2es mitoyennes	—	—	15 jours après la naissance.	3 ans et 1/2.	—	—
Coins	6 à 9 mois.	4 ans et 1/2.	2 à 3 semaines.	4 ans et 1/2.	Avant ou qq. jours après la naissance , à l'exception de la 1re molaire, qui apparaît après 5 ou 6 sem.	9 mois.
II. CROCHETS ou angulaires.	4 à 5 ans.	—	—	—		9 mois.
III. MOLAIRES ou mâchelières						
1re	Avant ou quelques jours après la naissance.	2 ans et 1/2.	Avant ou quelques jours après la naissance.	1 an et 1/2.		12 à 15 mois.
2e	Id.	Id.	Id.	2 ans et 1/2.		
3e	Id.	3 ans et 1/2.	Id.	3 ans et 1/2.		
4e	10 à 12 mois.	—	6 à 9 mois.	—	5 à 6 mois.	—
5e	1 et 1/2 à 2 ans.	—	2 ans et 1/2.	—	—	—
6e	4 à 5 ans.	—	4 à 5 ans.	—	1 1/2 à 2 ans	—
7e	—	—	—	—	—	(Les défenses sont petites chez la truie et le porc châtré jeune.)
IV. CROCS ou crochets (porc).	—	—	—	—	—	

II. USURE DES DENTS.

1. *Cheval.*

L'entier a 40 dents : 12 incisives, 4 angulaires ou crochets et 24 molaires. Les juments n'ont pas de crochets, ou seulement des crochets rudimentaires. — Les cornets (cavités) ont une profondeur de 6 à 5 millimètres dans les incisives de la mâchoire inférieure, et de 13 millimètres dans les incisives supérieures. Dès que le nivellement commence, il s'use chaque année 2 millimètres.

	PINCES.	MITOYENNES.	COINS.
	Années.	Années.	Années.
Période des cornets. L'usure commence	Fin de la 3e.	Fin de la 4e.	Fin de la 5e.
Les cornets disparaissent : 1° Dans les incisives inférieures.	Fin de la 6e.	Fin de la 7e.	Fin de la 8e.
2° Dans les incisives supérieures.	Fin de la 9e.	Fin de la 10e.	Fin de la 11e.
Période ovale des incisives inférieures	Fin de la 6e. jusqu'à la 12e	Fin de la 7e. jusqu'à la 13e.	Fin de la 8e jusq. à la 14e.
Période ronde des incisives inférieures	De la 13e à la 18e.	De la 14e à la 19e.	De la 15e à la 20e.
Période triangulaire des incisives inférieures. . .	De la 18e à la 24e.	De la 19e à la 25e.	De la 20e à la 26e.
Période biangulaire (ovale renversée) des incisives inférieures	A partir de la 24e.	A partir de la 25e.	De la 26e.

REMARQUE. Le jeune fermier doit se méfier des maquignons qui contre-marquent les vieux chevaux au moyen d'un burin et d'un fer chaud, de manière à imiter le germe de la fève.

2. *Bêtes bovines.*

36 dents, dont 24 grosses molaires, 4 petites molaires supplémentaires et 8 incisives à la mâchoire inférieure seulement.

NOMS DES DENTS.	USÉES.	RASÉES.	NIVELÉES.	PETITES ET ISOLÉES.
Pinces	Commencem^t de la 5e année.	Commencem^t de la 6e année.	Commencem^t de la 7e année.	Après la 10e année.
1res mitoyennes	6^e	7^e	8^e	11^e
2es mitoyennes	7^e	8^e	9^e	12^e
Coins	8^e	9^e	10^e	13^e

Connaissance de l'âge des bêtes bovines par l'inspection des cornes : Au 20e jour, cornillon ; à 5 ou 6 mois, le cornillon se retourne ; à 14 ou 15 mois, la corne est à nu. 1er sillon, 10 à 12 mois ; 2e sillon, 20 à 24 mois ; 3e sillon, 2 ans et 1/2 à 3 ans ; 4e sillon, 3 ans et 1/2 à 4 ans : les deux premiers sillons disparaissent alors. Les anneaux de 4, 5, 6, 7 et 8 ans se succèdent assez régulièrement ; après cette époque ils se confondent.

3. *Bêtes à laine.*

2 pinces, 2 premières mitoyennes, 2 secondes mitoyennes et 2 cornes. Par suite de l'usure des dents d'adultes, elles commencent à se casser dès la 5e ou 6e année ; d'autres fois, quelques-unes tombent complétement ; la gencive se retire et les dents deviennent jaunâtres.

§ 116. Époque de la monte ou saillie.

Les femelles infécondes ou qui ne sont pas fécondées en temps opportun, ne constituent qu'une source de pertes pour le fermier. La fécondation s'opère le plus sûrement aux périodes naturelles des chaleurs ou du rut, ou bien, là où ces périodes ont disparu par suite de la domestication, etc., aux époques où les chaleurs sont le plus excitées par l'effet du régime alimentaire. Mais, quelle que soit l'époque où les signes de chaleurs se manifestent, ils ne doivent jamais être négligés ; sans cela celles-ci ne reviennent plus, ou bien les femelles ne retiennent plus (taurelières, etc.) et courent risque de devenir malades. Mais la plupart des exploitations sont forcées de mettre toutes ces considérations au deuxième rang pour ne s'occuper exclusivement que de leur but : faire les plus grands bénéfices possibles. Ainsi, elles doivent régler le temps des naissances et partant celui des accouplements de telle sorte qu'il en résulte le plus grand bénéfice économique. Les exploitations qui s'adonnent à la production du lait ou des veaux trouvent un grand avantage d'avoir quelques vaches laitières fraîches à toutes les époques de l'année. De même, l'agnellement d'été est plus avantageux quand les fourrages secs manquent et que l'on peut compter sur beaucoup de fourrages verts. Cependant il faut toujours comparer les pertes qui résultent du changement artificiel des périodes du rut — stérilité, avortement, trouble dans l'état normal de l'animal — avec l'avantage économique qu'on espère retirer de ce même changement, et, dans le cas où le bénéfice est certain, il faut ménager la transi-

tion avec beaucoup de précaution, en habituant les animaux à la période nouvelle par une alimentation et des
soins hygiéniques convenables, et en prêtant une attention toute particulière à toutes les circonstances qui
influent sur les fonctions de la reproduction. Quand
l'éducation se fait par troupeaux, il faut faire en sorte que
l'époque des chaleurs soit commune et courte pour toutes
les femelles, afin que toutes les naissances aient lieu vers
le même temps et que les jeunes animaux croissent uniformément. Voici quelques données relatives à ce point :

	Durée des chaleurs.	Retour des chaleurs si l'animal n'a pas été sailli ou s'il n'a pas été fécondé.	Retour des chaleurs après la mise-bas.
Jument. . . .	24 à 36 heures.	Après 8 à 10 jours.	Après 15 jours.
Vache	24 à 36 —	— 21 à 28 —	— 28 —
Brebis.	24 à 36 —	— 14 à 21 —	— 185 —
Truie.	30 à 48 —	— 21 à 28 —	2 ou 3 fois par an.

§ 117. Stérilité.

Quelque soin qu'on mette à observer les périodes de
chaleurs et d'accouplement, il arrive toujours que,
année moyenne, il reste un grand nombre de femelles
stériles, qui ne retiennent pas. On admet que :

de 100 juments saillies, environ 20 à 30 ne sont pas fécondées.
de 100 vaches   —   —   10 à 12   —
de 100 brebis   —   —   15 à 20   —
de 100 truies   —   —   5 à 10   —

§ 118. Gestation, allaitement, incubation.

Le fermier ne doit jamais oublier que l'importance de ses recettes futures dépend en grande partie du degré d'intelligence et de soin qu'il applique dans le présent à l'objet sur lequel il doit bénéficier, et que, par conséquent, l'animal qui est encore dans le sein de sa mère doit aussi bien attirer son attention que celui qui a déjà vu le jour. Il faut donc non-seulement traiter la mère avec tous les ménagements que commande l'état de gestation, mais encore lui donner des aliments convenables à son état et à son utilisation, ainsi qu'à la conformation vigoureuse et à la destination ultérieure du fruit qu'elle porte dans son sein.

Il faut attentivement surveiller la mère quand le terme normal de la vie utérine approche, afin de pouvoir lui accorder les soins, et, en cas de parturition difficile, les secours dont elle a besoin. Du reste, des secours superflus ou intempestifs, accordés trop tôt ou trop tard, font plus de mal que de bien. Aussi des soins convenables donnés pendant la gestation valent mieux et préviennent plus sûrement les accidents fâcheux que les moyens violents qu'on n'emploie malheureusement que trop souvent. Pour connaître l'époque où le jeune animal doit naître, on marque le jour où la mère a été saillie, et l'on calcule ensuite le jour probable de la naissance, que l'on inscrit dans le registre des mises-bas. Pour faciliter ce calcul tout à fait pratique, on pourra se servir du calendrier des mises-bas qui se trouve à la fin de ce paragraphe.

Le tableau suivant contient la durée de la gestation,

avec le temps moyen que l'allaitement doit durer dans les exploitations placées dans des conditions ordinaires.

Durée de la gestation et de l'incubation ou couvaison.

ESPÈCES D'ANIMAUX.	TERME le plus court.	TERME le plus long.	TERME MOYEN.		DURÉE de l'allaitement quand on élève les jeunes animaux.
A. *Gestation.*	Jours.	Jours.	Jours.	Semaines.	Semaines.
Jument.........	325	400	340	48	12 à 18
Anesse	360	390	380	52 à 54	12 à 20
Vache.........	240	300	285	40 à 41	8 à 12
Brebis.........	140	160	154	21 à 22	15 à 20
Chèvre.........	140	160	154	21 à 22	6 à 9
Truie (3 mois, 3 semaines et 3 jours)	110	140	120	16 à 17	6 à 9
Lapine	25	35	30	4	»
Chienne	60	70	65	8 à 8 1/2	»
Chatte.........	50	60	55	7 1/2 à 8	»
B. *Incubation ou couvaison.*					
Dinde.........	26	32	30	4	»
Poule	20	22	21	3	»
Pigeon.........	14	20	18	3	»
Pie............	27	32	30	4	»
Cane et pintade..	28	30	29	4	»
Paonne........	30	32	31	4	»
Faisane........	23	25	24	3	»

Calendrier des mises-bas.

JOUR DE LA SAILLIE.	JOURS DES MISES-BAS			
	Juments.	Vaches.	Brebis et chèvres.	Truies.
Janvier 1— 5	Déc. 6—10	Oct. 12—16	Juin 3— 7	Avril 30— 4 mai.
» 6—10	» 11—15	» 17—21	» 8—12	» 5 9
» 11—15	» 16—20	» 22—26	» 13—17	» 10—14
» 16—20	» 21—25	» 27—31	» 18—22	» 15—19
» 21—25	» 26—30	Nov. 1— 5	» 23—27	» 20—24
» 26—30	» 31— 4 janvier.	» 6—10	» 28— 2 juillet.	» 25—29
» 31— 4 février.	Janvier 5— 9	» 11—15	Juillet 3— 7	» 30— 3 juin.
Février 5— 9	» 10—14	» 16—20	» 8—12	Juin 4— 8
» 10—14	» 15—19	» 21—25	» 13—17	» 9—13
» 15—19	» 20—24	» 26—30	» 18—22	» 14—18
» 20—24	» 25—29	Déc. 1— 5	» 23—27	» 19—23
» 25— 1 mars.	» 30— 3 février.	» 6—10	» 28— 1 août.	» 24—28
Mars 2— 6	Févr. 4— 8	» 11—15	Août 2— 6	» 29— 3 juillet.
» 7—11	» 9—13	» 16—20	» 7—11	Juillet 4— 8
» 12—16	» 14—18	» 21—25	» 12—16	» 9—13
» 17—21	» 19—23	» 26—30	» 17—21	» 14—18
» 22—26	» 24—28	» 31— 4 janvier.	» 22—26	» 19—23
» 27—31	Mars 1— 5	Janvier 5— 9	» 27—31	» 24—28
Avril 1— 5	» 6—10	» 10—14	Sept. 1— 5	» 29— 2 août.
» 6—10	» 11—15	» 15—19	» 6—10	Août 3— 7
» 11—15	» 16—20	» 20—24	» 11—15	» 8—12
» 16—20	» 21—25	» 25—29	» 16—20	» 13—17
» 21—25	» 26—30	» 30— 3 février.	» 21—25	» 18—22
» 26—30	» 31— 4 avril.	Février 4— 8	» 26—30	» 23—72

Calendrier des mises-bas (*suite*).

JOUR DE LA SAILLIE.	JOUR DES MISES-BAS.			
	Juments.	Vaches.	Brebis et chèvres.	Truies.
Mai 1— 5	Avril 5— 9	Février 9—13	Oct. 1— 5	Août 28— 1 sept.
» 6—10	» 10—14	» 14—18	» 6—10	Sept. 2— 6
» 11—15	» 15—19	» 19—23	» 11—15	» 7—11
» 16—20	» 20—24	» 24—28	» 16—20	» 12—16
» 21—25	» 25—29	Mars 1— 5	» 21—25	» 17—21
» 26—30	» 30— 4 mai.	» 6—10	» 26—30	» 22—26
» 31— 4 juin.	Mai 5— 9	» 11—15	» 31— 4 nov.	» 27— 1 octobre
Juin 5— 9	» 10—14	» 16—20	Nov. 5— 9	Oct. 2— 6
» 10—14	» 15—19	» 21—25	» 10—14	» 7—11
» 15—19	» 20—24	» 26—30	» 15—19	» 11—16
» 20—24	» 25—29	» 31— 4 avril.	» 20—24	» 17—21
» 25—29	» 30— 3 juin.	Avril 5— 9	» 25—29	» 22—26
» 30— 4 juillet.	Juin 4— 8	» 10—14	» 30— 4 déc.	» 27—31
Juillet 5— 9	» 9—13	» 15—19	Déc. 5— 9	Nov. 1— 5
» 10—14	» 14—18	» 20—24	» 10—14	» 6—10
» 15—19	» 19—23	» 25—29	» 15—19	» 11—15
» 20—24	» 24—28	» 30— 4 mai.	» 20—24	» 16—20
» 25—29	» 29— 3 juillet.	Mai 5— 9	» 25—29	» 21—25
» 30— 3 août.	Juillet 4— 8	» 10—14	» 30— 3 janvier.	» 26—30
Août 4— 8	» 9—13	» 15—19	Janv. 4— 8	Déc. 1— 5
» 9—13	» 14—18	» 28—24	» 9—13	» 6—10
» 14—18	» 19—23	» 25—29	» 14—18	» 11—15
» 19—23	» 24—28	» 30— 3 juin.	» 19—23	» 16—20
» 24—28	» 29— 2 août.	Juin 4— 8	» 24—28	» 21—25

JOUR DE LA SAILLIE.	JOUR DES MISES-BAS			
	Juments.	Vaches.	Brebis et chèvres.	Truies.
Août 29— 2 sept.	Août 3— 7	Juin 9—13	Janv. 29— 2 février.	Déc. 26—30
Sept. 3— 7	» 8—12	» 14—18	Févr. 3— 7	» 31— 4 janvier.
» 8—12	» 13—17	» 19—23	» 8—12	Janv. 5— 9
» 13—17	» 18—22	» 24—28	» 13—17	» 10—14
» 18—22	» 23—27	» 29— 3 juillet.	» 18—22	» 15—19
» 23—27	» 28— 1 sept.	Juillet 4— 8	» 23—27	« 20—24
» 28— 2 octobre.	Sept. 2— 6	» 9—13	» 28— 4 mars.	» 25—29
Oct. 3—7	» 7—11	» 14—18	Mars 5— 9	» 38— 3 février.
» 8—12	» 12—16	» 19—23	» 10—14	Février 4— 8
» 13—17	» 17—21	» 24—28	» 15—19	» 9—13
» 18—22	» 22—26	» 29— 2 août.	» 20—24	» 14—18
» 23—27	» 27— 1 octobre	Août 3— 7	» 25—29	» 19—23
» 28— 1 nov.	Octobre 2— 6	» 8—12	» 30— 3 avril.	» 24—28
Nov. 2— 6	» 7—11	» 13—17	Avril 4— 8	Mars 1— 5
» 7—11	» 12—16	» 18—22	» 9—13	» 6—10
» 12—16	» 17—21	» 23—27	» 14—18	» 11—15
» 17—21	» 22—26	» 28— 1 sept.	» 19—23	» 16—20
» 22—26	» 27—31	Sept. 2— 6	» 24—28	» 21—25
» 27— 1 déc.	Nov. 1— 5	» 7—11	» 29— 3 mai.	» 26—30
Déc. 2— 6	» 6—10	» 12—16	Mai 4— 8	» 31— 4 avril.
» 7—11	» 11—15	» 17—21	» 9—13	Avril 5— 9
» 12—16	» 16—20	» 22—26	» 14—18	» 10—14
» 17—21	» 21—25	» 27— 1 octobre.	» 19—23	» 15—19
» 22—26	» 26—30	Oct. 2— 6	» 24—28	» 20—24
» 27—30	Déc. 1— 4	» 7—10	» 29— 1 juin.	» 25—28
» 31 —4janvier.	» 5— 9	» 11—15	Juin 2— 6	» 29— 3 mars.

§ 119. Allaitement et sevrage des jeunes animaux, particulièrement des veaux.

Si le fermier trouve qu'il est avantageux pour lui de se livrer à l'élevage, malgré les grands frais généraux qu'occasionne cette branche de l'économie du bétail, la méthode la plus simple et la moins dispendieuse pour élever les jeunes animaux dont les mères ne fournissent pas un lait commercial ou utilisable dans le ménage, sera de leur laisser boire le lait maternel jusqu'à ce qu'ils puissent prendre et digérer facilement d'autres aliments. La durée de l'allaitement est, en moyenne (voir l'avant-dernier tableau) :

<pre>
Pour les poulains de 85 à 150 jours.
  —   agneaux de   90 —
  —   porcelets de   45 —
</pre>

Quant aux vaches, dont le lait forme un produit de consommation recherché, soit à l'état naturel, soit comme produit fabriqué, tel que le beurre et le fromage, l'agriculteur devra d'abord se demander s'il est avantageux pour lui d'élever des veaux et, dans l'affirmative, si c'est le veau destiné à la boucherie ou le veau destiné à l'élève ou à la reproduction de l'espèce qui lui payera le lait consommé le plus cher, ou au moins aussi cher que le ferait la vente directe du lait, ou la vente du beurre et du fromage. Quand on ne donne pas tout le lait maternel au veau ou qu'on le sèvre trop tôt, il paye rarement le lait qu'il consomme ; mais si, au contraire, l'allaitement dure longtemps et qu'on lui donne du lait en quantité suffisante, le profit est plus grand et plus commun que la plupart des cultivateurs ne sont disposés à l'admettre. De même il faut examiner s'il n'est pas possible de remplacer une partie du lait par des succédanés, c'est-à-dire par des substances presque aussi nutritives que le lait, telles que la farine, les décoctions ou soupes de foin, de trèfle, de racines. Le prix du lait, celui du fourrage nécessaire aux vaches laitières et enfin celui du veau, comparés entre eux, peuvent seuls décider de quelle manière le cultivateur doit utiliser son lait. La méthode d'élevage la plus naturelle et la plus facile à surveiller c'est de laisser teter le veau à volonté, si, toutefois, le lait de la mère est sain et assez abondant, et s'il n'est pas trop fort. Mais c'est aussi la méthode *la plus chère* si le lait a *une grande valeur vénale*, et celle où les veaux perdent le plus vite leur embonpoint après le sevrage, si on ne les laisse teter que quelques semaines. Si, au contraire, on les laisse teter longtemps et que déjà pendant le sevrage on les habitue peu à peu à d'autres aliments, ils se conservent en bon état, pourvu qu'on ne les attache pas. Ne laisser boire le veau qu'à certaines heures réglées et le séparer de sa mère pendant les intervalles ou l'attacher à côté d'elle, est un procédé qui peut économiser un peu de lait, mais qui rend aussi l'élevage plus difficile et plus chanceux et qui cause souvent à la mère et au nourrisson des incommodités pour le moins inutiles. On ne doit pas priver les génisses de leur premier veau, car si on les trait au lieu de laisser boire le veau, elles ne donnent jamais autant de lait ni aussi volontairement. Quelques éleveurs enlèvent le veau à la mère tout de suite après la naissance et lui donnent pendant les premiers temps tout le lait maternel, puis du lait frais, et enfin des aliments succédanés. Cette méthode permet de répartir le lait et les aliments d'une manière intelligente et appropriée à l'animal ; elle ménage beaucoup la mère et empêche le veau de maigrir subitement quand il ne reçoit plus de lait ; elle rend l'élevage régulier et méthodique, *mais elle n'atteint ce but que si l'éducation est confiée à des hommes sûrs, dévoués et intelligents, et si les rations de lait restent suffisamment abondantes. Que celui qui veut ou doit économiser le lait, ne se livre jamais à l'élevage, s'il ne veut pas s'exposer à des mécomptes certains.*

Le minimum de lait qu'il faut donner au veau est évalué à $\frac{1}{5}$ du poids vif du veau :

Ainsi un veau de 30 kilog. recevra 6 kilog. de lait (environ 6 litres).

—	35	—	7	—
—	40	—	8	—
—	45	—	9	—
—	50	—	10	—

Après avoir remplacé insensiblement le lait par d'autres aliments substantiels, il faut donner aux veaux, par 100 kilog. de poids vif, 3,5 kilog. à 4,5 kilog. de ces aliments, valeur en foin ; mais vers la fin de la première année on abaisse cette dose à 2,5 ou 3 kilog., valeur en foin, pour 100 kilog. de poids vivant.

DONNÉES POUR SERVIR A L'ÉVALUATION DES PRODUITS DU BÉTAIL.

Les produits que le cultivateur compte et doit retirer de ses animaux ne sont pas uniquement le fruit de l'intelligence directrice et des capitaux consacrés à l'acquisition, à l'élevage, à l'alimentation et à l'entretien des animaux; ils sont encore, pour une grande part, la conséquence des dispositions individuelles. Les résultats qu'obtiendra l'éleveur ne seront donc jamais les mêmes chez les animaux de la même catégorie, ils différeront au contraire pour chaque individu, quelque soin qu'il mette à utiliser et à diriger vers le but spécial qu'il poursuit les forces vitales de chaque espèce et de chaque catégorie d'animaux. C'est par suite de cette diversité de conditions qu'on ne peut donner, sur les produits probables des animaux, que des nombres généraux très-vagues, des moyennes, enfin, dont les deux termes sont très-éloignés. A l'article qui traite des fourrages, nous avons montré comment l'agriculteur, s'appuyant sur la connaissance des phénomènes qui ont leur siége dans l'organisme, doit faire concourir ces phénomènes aux différents buts qu'il poursuit : ce sont les produits animaux, tels que le lait, la viande et la graisse, la laine, ou bien les forces motrices. Relativement à ces dernières, qui représentent l'ensemble de l'activité physique et instinctive de l'animal, il est très-difficile d'exprimer par des chiffres exacts l'influence qu'exercent sur le développement de la force musculaire une éducation soignée, une alimentation convenable, et des soins bien entendus ; et, comme on ne peut pas démontrer, pas même avec une certaine apparence de probabilité, qu'une quantité déterminée d'aliments plastiques produit nécessairement une quantité déterminée de force musculaire utile, nous ne pouvons que renvoyer aux §§ 32, 66 et suivants, où nous avons déjà parlé du travail effectif ou utile qu'on peut attendre des animaux.

§ 120. Production du lait.

La quantité de lait que peut donner une vache dépend de l'aptitude lactifère de la race à laquelle elle appartient, des dispositions individuelles de la vache elle-même, de la quantité et de la qualité de la nourriture, et enfin de toutes les circonstances qui influent sur la sécrétion du lait, telles que l'état de santé, l'âge, le climat. La composition et partant la qualité du lait dépendent également de toutes ces conditions, ainsi que du temps qui s'est écoulé depuis le vêlage.

Une vache mauvaise laitière — que ce défaut provienne de la race ou de l'individu — donne du lait pendant 260 jours environ ; une bonne laitière en donne pendant 300 jours, et une excellente laitière pendant 308 jours et au delà. En moyenne, on admet 300 jours de lactation qu'on répartit entre 4 périodes, pendant lesquelles le lait diminue progressivement en quantité, et cela dans les proportions suivantes :

Si, dans la première période lactaire, qui dure 40 jours, on représente la quantité quotidienne par. 5

Celle de la deuxième période, qui dure 90 jours, sera représentée par 4

Celle de la troisième période, qui dure 90 jours, sera représentée par 3

Celle de la quatrième période, qui dure 80 jours, sera représentée par 2

De sorte qu'une vache, qui donne aussitôt après le vêlage 10 litres par jour, donnera, dans la 1re période ou en 40 jours, $40 \times 10 = 400$ litres.

$$
\begin{array}{llll}
— & 2^e & — & 90 & — & 90 \times 8 = & 720 \\
— & 3^e & — & 90 & — & 90 \times 6 = & 540 \\
— & 4^e & — & 80 & — & 80 \times 4 = & 320 \\
\end{array}
$$

Donc en 300 jours environ 1980 litres.

Si, pour calculer le produit en lait, on s'appuie sur le

poids vivant, on peut admettre qu'une vache en bonne santé, recevant annuellement au moins 1,100 à 1,200 kil. de fourrages par 100 kilog. de son poids, donne, par an, 450 à 500 kilog. ou 464 à 515 litres de lait (1) par chaque 100 kilog. de poids vif, de sorte qu'une vache donne, en moyenne, par an :

Poids de la vache.	Consommation annuelle en foin, ou son équivalent.	Lait produit.	
		Kilogr.	Litres.
300 kilog.	300 × 12 = 36 quintaux métr.	1500	1455
400 —	48 —	2000	1940
450 —	54 —	2250	2182
500 —	60 —	2500	2425
600 —	72 —	3000	2910

Plusieurs vaches peuvent avoir *le même poids,* descendre de *la même race* et de *la même souche*, et recevoir *la même nourriture*, et, malgré ces similitudes, leur produit en lait peut différer, d'individu à individu, du tiers ou même de la moitié.

Quant à la différence des produits selon l'aptitude lactifère des diverses races, voici les résultats obtenus dans plusieurs essais comparatifs :

28 vaches de la race commune de l'Allemagne septentrionale ont donné en moyenne, *par tête et par an.* . . . . . 2110 litres.
38 vaches de la race du Walzthal. 2210
46 — oldenbourgeoise 2603
65 — hollandaise 2450
304 — de l'Allgau 2576

Pour ce qui regarde la quantité de lait qu'on peut

(1) Le poids spécifique du lait varie de 1,029 à 1,033, c'est-à-dire que 1 litre pèse 1,029 à 1,033 kilog., ou que 1000 litres peuvent peser 1,029 à 1,033 kilog. Ici nous avons admis le poids spécifique = à 1,030 ; d'après cette hypothèse, 1 litre pèse 1,03 kilog. et 1 kilog. = 0,97 litre.

attendre du foin et de ses équivalents, on admet que 100 *kilog. de foin* (ou l'équivalent) donnent :

Produit faible.	33 kilog. de lait.
Produit moyen	35 —
Bon produit	40 —
Produit maximum	48 —

Pour le rendement en crème, beurre et fromage qu'on peut espérer d'une quantité de lait déterminée, voir le § 129.

Comme le produit en lait dépend tout autant de la race que de l'individu — abstraction faite de la nourriture, qui doit nécessairement être calculée de manière à favoriser le plus possible la sécrétion du lait — le fermier, dans le choix de ses vaches laitières, ne devra pas se laisser guider par son goût ou son caprice pour telle race ou telle robe ; chacune devra descendre d'une mère bonne laitière et d'un taureau provenant lui-même d'une bonne laitière. De plus, chacune devra porter tous les signes extérieurs de l'aptitude lactifère : os fins, déliés, cornes minces et polies, poil fin, tête légère, cou mince, poitrail large, côtes en forme de tonne, ventre bas et s'élargissant vers la partie inférieure, croupe large, queue longue et couverte de poils fins, pis volumineux et s'étendant vers les cuisses, veines lactifères bien prononcées et très-développées à l'endroit où elles pénètrent dans le ventre, écusson (épi) bien marqué, et, en général, une structure délicate, féminine, sans prédisposition extraordinaire à l'engraissement.

Quant au produit en argent qu'on peut attendre pour chaque 100 kilog. de foin (ou l'équivalent) consommés par les vaches laitières, il dépend entièrement de l'aptitude lactifère de la vache, du prix du lait et du fourrage. Le tableau suivant donne ces calculs tout faits. On y voit qu'une vache mauvaise laitière paye très-mal sa nourriture, tandis qu'une bonne laitière la paye à un prix très-élevé.

REMARQUE. Les prix payés par 100 kilog. s'appliquent à toute vache, quels que soient son poids et son produit en lait. Prenons pour exemple une vache ne pesant que 250 kilog. et donnant 1500 litres de lait; eh bien, elle payera les 100 kilog. de foin fr. 4-50, 4-20, etc., selon que le prix du lait est à 15, 14, etc., centimes. Quant à sa nourriture entière, qui est de 1200 kilog. $\times$ 25 = 30 quintaux, elle la payera 4,50 $\times$ 30 = 135 francs ou 4,20$\times$30=126 francs, etc.

TABLEAU (d'après Reuning). — *Une vache pesant 400 kil... chaque 100 kilogr. de son poids vif, c'est-à-dire, 48 à 50... annuellement, 2° les 100 kilogr., selon son produit en...*

Si la vache produit annuellement litres de lait.	Si le litre de lait vaut 15 cent., elle paye		Si le litre de lait vaut 14 cent., elle paye		Si le litre de lait vaut 13 cent., elle paye		Si le litre de lait vaut 12 cent., elle paye		Si le litre de lait vaut 11 cent., elle...
	les 50 quintaux.	les 100 kilogr.	les 50 quintaux.	les 100 kilogr.	les 50 quintaux.	les 100 kilogr.	les 50 quintaux.	les 100 kilogr.	les 50 quintaux.
	FR.	FR. C.	FR.	FR. C.	FR.	FR. C.	FR.	FR. C.	FR.
3000	450	9 »	420	8 40	390	7 80	360	7 20	330
2900	435	8 70	406	8 12	377	7 54	348	6 96	319
2800	420	8 40	392	7 84	364	7 28	336	6 72	308
2700	405	8 10	378	7 56	351	7 02	334	6 48	297
2600	390	7 80	364	7 28	338	6 76	312	6 24	286
2500	375	7 50	350	7 »	325	6 50	300	6 »	275
2400	360	7 20	336	6 72	312	6 24	288	5 76	264
2300	345	6 90	322	6 44	299	5 98	276	5 52	253
2200	330	6 60	308	6 16	286	5 72	264	5 28	242
2100	315	6 30	294	5 88	273	5 46	252	5 04	231
2000	300	6 »	280	5 60	260	5 20	240	4 80	220
1900	385	5 70	266	5 32	247	4 94	228	4 56	209
1800	370	5 40	255	5 04	234	4 68	216	4 32	198
1700	255	5 10	238	4 76	221	4 42	204	4 08	187
1600	240	4 80	224	4 48	208	4 16	192	3 80	176
1500	225	4 50	210	4 20	195	3 90	180	3 60	165
1400	210	4 20	196	3 92	182	3 64	168	3 36	154
1300	195	3 90	182	3 64	169	3 38	156	3 12	143
1200	180	3 60	168	3 36	156	3 12	144	2 88	132
1100	165	3 30	154	3 08	143	2 86	132	2 66	121
1000	150	3 »	140	2 80	130	2 60	120	2 40	110
900	135	2 70	126	2 52	117	2 34	108	2 16	99
800	120	2 40	112	2 24	104	2 08	96	1 92	88

...mant par an 1,200 kilogr. de foin (ou l'équivalent) par
..., paye avec son lait 1° les 50 quint. de foin qu'elle consomme
...e prix du litre, de la matière suivante :

litre 10 cent. — les 50 quint. (FR.)	10 cent. — les 100 kilogr. (FR. C.)	9 cent. — les 50 quint. (FR.)	9 cent. — les 100 kilogr. (FR. C.)	8 cent. — les 50 quint. (FR.)	8 cent. — les 100 kilogr. (FR. C.)	7 cent. — les 50 quint. (FR.)	7 cent. — les 100 kilogr. (FR. C.)	6 cent. — les 50 quint. (FR.)	6 cent. — les 100 kilogr. (FR. C.)	5 cent. — les 50 quint. (FR.)	5 cent. — les 100 kilogr. (FR. C.)
[illegible]	6 »	270	5 40	240	4 80	210	4 20	180	3 60	150	3 »
[illegible]	5 80	261	5 22	232	4 64	203	4 06	174	3 48	145	2 90
[illegible]	5 60	252	5 04	224	4 48	196	3 92	168	3 36	140	2 80
[illegible]	5 40	243	4 86	216	4 32	189	3 78	162	3 24	135	2 70
[illegible]	5 20	234	4 68	208	4 16	182	3 64	156	3 12	130	2 60
[illegible]	5 »	225	4 50	200	4 »	175	3 50	150	3 »	125	2 50
[illegible]	4 80	216	4 32	192	3 84	168	3 36	144	2 88	120	2 40
[illegible]	4 60	207	4 14	184	3 68	161	3 22	138	2 76	115	2 30
[illegible]	4 40	198	3 96	176	3 52	154	3 08	132	2 64	110	2 20
[illegible]	4 20	189	3 78	168	3 36	147	2 94	126	2 52	106	2 10
[illegible]	4 »	180	3 60	160	3 20	140	2 80	120	2 40	100	2 »
[illegible]	3 80	171	3 42	152	3 04	133	2 66	114	2 28	95	1 90
[illegible]	3 60	162	3 24	144	2 88	126	2 52	108	2 16	90	1 80
[illegible]	3 40	153	3 06	136	2 72	119	2 38	102	2 04	85	1 70
[illegible]	3 20	144	2 88	128	2 56	112	2 24	96	2 92	80	1 60
[illegible]	3 »	135	2 70	120	2 40	105	2 10	90	1 80	75	1 50
[illegible]	2 80	126	2 52	112	2 24	98	1 96	84	1 68	70	1 40
[illegible]	2 60	117	2 34	104	2 08	91	1 82	78	1 56	65	1 30
[illegible]	2 40	100	2 16	96	1 92	84	1 68	72	1 44	60	1 20
[illegible]	2 20	99	1 98	88	1 76	77	1 54	66	1 32	55	1 10
[illegible]	2 »	90	1 80	80	1 60	70	1 40	60	1 20	50	1 »
[illegible]	1 80	81	1 62	72	1 44	63	1 26	54	1 08	45	0 90
[illegible]	1 60	72	1 44	64	1 28	56	1 12	48	0 96	40	0 80

§ 121. Accroissement en viande et en poids des bêtes bovines.

On admet que les veaux élevés au lait augmentent d'environ 1 kilog. de poids vif pour chaque 10 kilog. de lait qu'ils consomment. 100 kil. de foin (ou l'équivalent) produisent un accroissement de 5,50 à 6 kilog. poids vif, jusqu'à la fin de la 2ᵉ année ; de 3,05 kilog. jusqu'à la fin de la 3ᵉ année, et de 5 kilog. pendant l'engraissement.

Le succès de l'engraissement dépend naturellement de l'aptitude que possède l'animal à prendre la graisse, et de la quantité, de la qualité et du mélange des aliments qu'on lui donne. Les bêtes jeunes et vigoureuses ont plus de dispositions naturelles pour l'engraissement que les bêtes vieilles, faibles, débiles. Les qualités à rechercher dans les animaux destinés à la boucherie sont les suivantes : descendance d'une race apte à l'engraissement ; charpente osseuse légère ; cornes fines, jaunâtres ; poitrail large ; dos long et large ; croupe large, carcasse profonde, cuisses pleines ; chair molle, tendre sous la peau ; grand appétit ; prédisposition individuelle à un accroissement rapide (précocité) ; tempérament calme, tranquille.

Quant au poids net, on admet que 100 kilog. de poids brut ou vif donnent :

1º *chez les veaux :* 55 à 60	kilog.	de viande.
6	—	tête, langue, etc.
4	—	pieds.
5	—	foie, poumons.
5	—	entrailles.
8 à 10	—	peau ou cuir.
5	—	sang.
10 à 12	—	entrailles (le contenu).

Poids net.

2° *animaux maigres* : 43 à 46 kilog. de viande, 3 à 4
kilog. de suif, en tout . . . . 46 à 50 kilog.

3° *animaux en chair* : 47 à 49 kilog. de viande, 4 à 6
kilog. de suif, en tout . . . . 51 à 55 —

4° *animaux demi-gras* : 50 à 52 kilog. de viande, 6 à
8 kilog. de suif, en tout. . . . . 56 à 60 —

5° *animaux gras* : 53 à 60 kilog. de viande, 8 à 10
kilog. de suif, en tout . . . . 61 à 70 —

et pour ces 4 catégories, selon le degré d'engraissement et l'épaisseur
de la peau, 6 à 8 kilog. de cuir et 7 à 12 kilog. d'entrailles, têtes et
pieds, par chaque 100 kilog. de poids vif.

§ 122. Accroissement en viande ; produit en lait, en viande et en laine des bêtes ovines.

1° *Augmentation en viande.* 100 kilog. de foin ou l'équivalent donnent, chez les jeunes bêtes, un accroissement
de 6 à 8 kilog. de viande, et chez les bêtes à l'engrais,
4 à 6 kilog. Avec une bonne alimentation, 100 kilog. de
foin produisent, en général, une augmentation en laine
de 0,175 à 0,900 kilog., tandis qu'une alimentation *très-*
abondante ne produit pas plus de laine, mais plus de
viande et de suif.

2° *Produit en laine, par tête :*

Bêtes à laine fine,	0,70 à 1	kilog. de laine lavée.
— moyenne,	1 à 1,65	—
— grossière,	1 à 2,30	—
— longue,	1,30 à 4,70	—

Pour les troupeaux mérinos ou à laine fine, on compte
par tête :

Laine de 1re classe (superelecta) ou de haute finesse, environ 0,70 kilog.
à 1,052 (lavées).

Laine de 2e classe (electa), belle . . . 1,935 à 1,40 kilog. (lavées).

Laine de 3e classe (prima), médiocre . . 1,17 à 1,637 —

Laine de 4e classe (seconda), inférieure . 1,637 à 1,90 —

M. Schober donne pour le produit en laine, selon l'âge et le sexe, les rapports suivants :

Si, en moyenne, le poids de la toison d'une brebis portière est représenté par . . . . 100 ou 1
La toison d'un bélier sera représentée par. . . . . . . 200 ou 2
   —   mouton sera représentée par. . . . . 150 ou 1 1/2
   —   antenais sera représentée par . . . . 60 ou 3/5
   —   agneau de 6 mois sera représentée par . 25 ou 1/4
   —   agneau né en été sera représentée par . 50 ou 1/2
   —   agneau né en hiver sera représentée par. 12 ou 3/25

La quantité de suint est proportionnelle à la finesse de la laine ; avec le lavage à dos avant la tonte, la toison perd 50 à 55 p. c. de son poids ; tandis que le lavage à froid, opéré dans les fabriques, lui fait encore perdre, selon la qualité de la toison et la nature du suint, 20 à 26 p. c.; les deux lavages successifs (pratiqués en Allemagne) font donc perdre à la toison 70 à 81 p. c. de son poids, et sur 100 kilog. de laine surge ou non lavée, il ne reste plus que 30 à 19 kilog. de laine pure.

La valeur en argent de la laine provenant des meilleurs troupeaux est de fr. 3-40 à fr. 9-80, ou en moyenne, de fr. 6-60 par tête.

3° *Produit en viande.* 100 kilog. de poids vif donnent :

	Viande. Kilog.	Suif. Kilog.	Total du poids net. Kilog.
Bêtes à laine fine, maigres,	45	5	50
— demi-grasses (en chair)	46 à 48	6 à 7	52 à 55
— grasses	48 à 52	8 à 9	56 à 57
— grossières, mais très-aptes à l'engraissement,	52 à 54	10 à 12	62 à 66

Quant aux autres parties, on compte pour 100 kilog. de poids vif : parties de la tête, 8 à 10 kilog., en moyenne,

7 kilog., selon le degré de graisse et la conformation du corps ; poumons et foie, 3 à 4 kilog.

4° *Produit en lait.* Ce produit varie selon la race, selon l'individu et selon la nature des pâturages ; ordinairement il est à son maximum la 2ᵉ et la 3ᵉ année. On compte que pour 120 à 150 jours de lactation, une brebis bonne laitière donne environ 1 kilog. ou 1 litre de lait par jour. (Beurre et fromage, voir § 129.)

§ 123. Produit des chèvres en viande et en lait.

L'augmentation en viande est un peu moindre chez les chèvres que chez les brebis, mais les chèvres sont plus fécondes, car elles mettent ordinairement bas 2 et même 3 chevreaux par portée. Leur production en lait est aussi plus considérable : avec une consommation moyenne de 1,100 kilog. de foin (ou l'équivalent), elles donnent 400 à 450 kilog. de lait, c'est-à-dire environ 40 kilog. de lait pour chaque 100 kilog. de foin, et quand elles sont frais-trayantes, elles donnent jusqu'à 4,5 et 5 kilog. de lait par chaque 7,5 à 10 kilog. de fourrage vert.

Quant au poids net, on compte 40 p. c. du poids vif.

§ 124. Accroissement des porcs en viande et poids net.

Un porcelet pèse à sa naissance 2,5 à 3 kilog. et peut facilement fournir, à l'âge d'un an, un poids brut de 100 kilog., ou 82 kilog. de poids net, si toutefois l'alimentation a été riche et proportionnelle à l'accroissement.

Le porc à l'engrais consomme au moins 1/10 de son poids vif, soit en grains seuls, soit en grains mélangés avec des pommes de terre, des racines, etc. D'après Kleemann, un porc de race moyenne mange par jour 4 à 5 kilog., valeur en seigle. En général, l'engraissement dure de 8 à 12 semaines, et 16 à 18 semaines si on le pousse aux dernières limites, ce qui est rarement avantageux.

Dans l'engraissement avec de la pulpe de pommes de terre, les résidus de 250 kilogr. (avec des aliments complémentaires convenables) produisent 10 à 12 kilog. de graisse et de viande. Dans l'engraissement avec des grains — moitié orge ou maïs et moitié pois, avec une addition d'aliments complémentaires convenables — 50 kilog. de grains produisent environ 10 à 12 kilog. de graisse et de viande. Avec les glands et les faînes, les porcs à l'engrais peuvent se passer d'autres aliments; cependant ils ne deviennent jamais parfaitement gras, s'ils ne reçoivent que cette unique nourriture. L'engraissement à la glandée dure ordinairement de 10 à 12 semaines. Les glands produisent une viande et un lard plus ferme que les faînes.

Des porcs fins-gras donnent en moyenne, par chaque 100 kilog. de poids vif, 70 à 75 kilog. de poids de boucherie et environ 0,6 à 0,8 kilog. de soies. Les 70 à 75 kilog. de poids net se répartissent ainsi : 50 à 55 kilogrames de viande, tête et os, et 20 à 25 kilog. de lard et de panne.

Pour déterminer le poids vif des animaux, le pesage direct, au moyen de balances-bascules, est bien préférable aux évaluations indirectes, telles que le mesurage à l'aide du ruban de Dombasle et d'autres, des tables de Pressler, l'estimation à vue d'œil à l'aide des maniements. Toute grande exploitation devrait donc être pourvue d'une bascule à bestiaux, ce qui n'exclut nullement une estimation de contrôle au moyen des différentes méthodes en usage, surtout quand on vend des animaux de boucherie.

§ 125. Produits de la volaille.

Produits en œufs :

            Une dinde pond par an   20 à   50 œufs.
            Une poule,   —   120 à 150   —
            Une oie,   —   15 à   20   —
            Une cane,   —   30 à   50   —
            Une colombe,   —   1 à   2 œufs à chaque couvée.

Produits en plumes :

Un jars (*mâle de l'oie*) produit en moyenne :

                        par an 1,25 kilog. de plumes ordinaires.
                        et 0,24   —   de duvet.
Une oie   —   0,47   —   de plumes ordinaires.
                        et 0,24   —   de duvet.

Quant au produit net en argent, on peut compter que, dans les localités favorables à l'éducation de la volaille, et où elle se fait avec intelligence :

Les dindons et les oies rapportent *net* . . . . fr. 2 80 à 5 » par tête.
Les canards . . . . 1 25 à 1 87   —
Les poules (nourries principalement avec du
  petit grain) . . . . » 60 à 1 »   —
Les poules (nourries principalement avec des
  asticots) . . . .   1 25   —
Les pigeons . . . .   » 12 par paire.

DONNÉES POUR SERVIR A L'ÉVALUATION DES TRAVAUX D'AMÉLIORATION.

Nous compléterons ici ce que nous avons déjà dit sur cette question à la page 31. Les principales améliorations que le fermier peut entreprendre *à ses frais,* pour le temps relativement court de son bail, sont les suivantes : labours plus profonds et mieux exécutés, et autres travaux de ce genre; fumures plus riches et plus abondantes; confection de fossés d'assainissement; petits travaux de nivellement et de terrassement; engazonnement des parties de prairies clair-semées ou tout à fait dégarnies; hersages des prairies; utilisation des eaux des champs pour arroser les prairies; écobuage et brûlement des terres marécageuses, etc. Quand ces travaux sont bien exécutés, le bénéfice qui en résulte est certain, et tout fermier qui néglige de les entreprendre agit contre son propre intérêt. Si avec un bail court on voulait exécuter des travaux d'améliorations importants, tels que des travaux d'irrigation et de drainage dont les bénéfices ne pourraient qu'amortir une partie du capital avancé par le fermier sans le rembourser entièrement pendant la durée du bail, on devrait d'abord s'entendre avec le propriétaire et régler l'indemnité que celui-ci aura à payer de ce chef. Le calcul se fait d'après des bases fixées d'avance. Si, au contraire, le propriétaire, mû par un sentiment d'équité et pour ne pas diminuer le capital d'exploitation du fermier, déjà trop faible généralement, fait à ses frais les travaux d'amélioration, et surtout les travaux de drainage, comme cela se pratique beaucoup aujourd'hui, le fermier lui paye pour le capital dépensé un intérêt plus fort que celui qu'on demande à l'industrie pour des capitaux prêtés sur hypothèque. Une partie de cet intérêt représente l'intérêt usuel, et l'excédant est destiné à rembourser ou à amortir le capital consacré à l'amélioration. C'est ainsi que le fermier paye, en guise de fermage, 7, 9 et même 12 p. c. des capitaux que le propriétaire a dépensés, soit pour des travaux de drainage, soit pour l'établissement d'une industrie agricole (1). Quant aux améliorations qui ne rapportent que l'intérêt de l'argent dépensé, sans intérêt d'amortissement, le fermier ne peut naturellement pas les exécuter à ses frais ; le propriétaire, auquel il en payera les intérêts usuels, devra s'en charger, puisqu'elles donnent une plus-value permanente à son fonds. Le fermier peut avancer ce capital au propriétaire ; il fait alors exécuter les travaux à ses frais et en tire lui-même les intérêts (les bénéfices) pendant son fermage, ou plutôt il ne paye rien de ce chef au propriétaire, qui s'oblige, au contraire, à lui restituer, à la fin du bail, tout le capital déboursé pour cette amélioration. Mais ce mode d'exécution ne se présentera que dans le cas très-rare où le fermier aurait plus de capitaux disponibles que le propriétaire et

(1) Sur quelques-uns des domaines de la Couronne (de Saxe) on exécute les travaux de drainage dans les conditions suivantes : le fisc paye les frais de plan, de devis et d'exécution des travaux ; le fermier, par contre, paye 9 p. c. du capital dépensé, dont 5 p. c. pour intérêts d'amortissement et 4 p. c. pour l'intérêt ordinaire. Pour le payement des intérêts usuels, on lui remet un tableau contenant l'indication des sommes qu'il doit verser tous les trois mois pendant toute la durée du bail ; ces versements diminuent progressivement, car, après le payement de chaque terme des intérêts d'amortissement, l'intérêt usuel diminue en proportion, puisque à chaque versement une partie de la dette est éteinte.

où il aurait plus de disposition et de goût que celui-ci à
les consacrer aux améliorations foncières. C'est de cette
manière qu'on peut exécuter les travaux concernant
l'irrigation des prairies. Pour tous les travaux d'améliorations dont l'exécution dure un certain temps, le fermier n'oubliera pas de faire entrer en ligne de compte la
perte qu'il subit sur ses terres pendant le cours des travaux. Il vaut mieux, en général, que le fermier se charge
de l'exécution, et le propriétaire de la surveillance des
travaux.

Avec de très-longs baux, on ne rembourse rien au fermier qui entreprend des améliorations qui, outre l'intérêt
usuel du capital engagé, lui rapportent encore un intérêt
d'amortissement assez élevé pour qu'il soit complétement
rentré dans ses fonds avant la fin du bail; plus ces travaux ont besoin d'être réparés et renouvelés souvent,
moins on est disposé à indemniser le fermier.

Quant à la manière de régler les intérêts respectifs du
fermier et du propriétaire, lorsqu'il s'agit d'améliorations
telles que l'acquisition de qualités de terres qui manquent
à la ferme, l'arrondissement des soles ou la réunion des
pièces dispersées, etc., il faut les déterminer par une con-
vention particulière, de même que les dommages à payer
par le preneur ou par le bailleur, si la chose louée venait
à diminuer de valeur par la faute de l'un ou de l'autre.

§ 126. Travaux d'irrigation (1).

Ces travaux ont pour but d'augmenter le produit des

(1) On consultera avec fruit, sur cette question, le *Traité de l'irrigation des prairies* de M. l'ingénieur J. Keelhoff, chargé par le gouverne-
ment belge du service des irrigations de la Campine.

prairies, en les disposant de telle sorte qu'on y puisse amener de l'eau. L'irrigation a lieu par *submersion* ou par *déversement.* Dans l'arrosement par submersion, on recouvre passagèrement et à plusieurs reprises la prairie d'une couche d'eau dont la hauteur varie selon les circonstances locales, telles que la quantité et la nature de l'eau dont on dispose, l'horizontalité plus ou moins parfaite du terrain, la nature du sol, etc.; ce mode n'est d'ordinaire usité que là où l'on n'a que momentanément une certaine quantité d'eau à sa disposition. Dans le cas contraire, l'irrigation par déversement est préférable : on sait que dans cette méthode l'eau coule toujours avec plus ou moins de vitesse et d'abondance, de manière à ne jamais recouvrir complétement l'herbe. Le déversement peut avoir lieu : 1º sur les terrains naturellement en pente, comme cela se pratique dans les pays de montagnes et de collines. Nous ne parlerons pas ici davantage de ce système, puisqu'il ne comporte pas de travaux d'améliorations assez considérables pour que le fermier puisse raisonnablement demander des avances de capitaux pour cet objet. 2º Le déversement peut aussi avoir lieu sur un terrain disposé à cet effet au moyen de travaux de terrassement considérables, ayant pour but de le disposer soit en *planches inclinées,* soit en *ados* à ailes larges ou étroites. Dans l'exécution de ces travaux, on peut profiter des inclinaisons naturelles du terrain, ou bien l'on ne tient compte d'aucun accident de terrain, d'aucune pente, et l'on exécute alors les terrassements d'après un plan d'ensemble. La première de ces deux méthodes, désignée récemment sous le nom d'*irrigation rationnelle,* par opposition à la seconde, qu'on avait trop souvent appliquée à tort et à travers, est celle qui présente le plus d'avantages pour le fermier. Elle n'entraîne pas dans de si grandes dépenses que la seconde, et le fermier court moins de risques en participant avec le propriétaire aux frais d'exécution. Voici le compte de dépenses qu'établit M. Vincent pour les divers systèmes d'irrigation par déversement :

Frais d'établissement par hectare.

	Exécution facile. Francs.	Exécution ordinaire. Francs.	Travaux difficiles. Francs.
Système du pays de Siegen (terrains disposés en pente).	600	750 à 1,050	1,350
Système de Lunebourg . . .	375	600 à 750	1,350 à 1,500
Système rationnel	150	375 à 450	600 à 750
Système où l'on profite des pentes naturelles et de tous les accidents de terrain, avec peu de terrassements . . .		75 à 150	
Système des pays de montagnes (irrigation naturelle) .		60 à 135	

Quant aux prix des divers travaux de terrassement, M. Vincent admet les données suivantes :

Les fossés d'alimentation et d'écoulement ou de décharge se font à la tâche, à tant par mètre cube, et selon la nature du sol. On paye, en moyenne, fr. 0,084 à 0,21 par mètre cube.

Confection des rigoles d'arrosage et d'égouttement ;

	Fr. par hectare.
a. Terrains en ados : Si les ados ont 7m,50 de largeur, environ	23 »
— 11m,20 —	17,50
b. Terrains en planches inclinées : si les planches ont 3m,75 de largeur	38 »
Si les planches ont 5m,65 de largeur	29 »
— 7m,50 —	22 50

Transport des terres à la brouette :

1° *Terre consistante :* Pour piocher, charger et transporter le mètre cube :

<pre>
A une distance de 18ᵐ,75 fr. 0 14 à fr. 0 196
      —   37ᵐ,50 — 0 175 à — 0 245
      —   56ᵐ,25 — 0 210 à — 0 280
      —   75ᵐ,00 — 0 245 à — 0 315
</pre>

2° *Terre meuble :* Pour charger et transporter le mètre cube

<pre>
A une distance de 18ᵐ,75 fr. 0 112
      —   37ᵐ,50 — 0 140
      —   56ᵐ,25 — 0 168
      —   75ᵐ,00 — 0 198
</pre>

<pre>
                                                     Par hectare.
                                                       Francs.
Enlèvement du gazon par morceaux carrés ou par rouleaux : 45 à 90   »
      —   avec la hache à gazon (tranche-gazon). 30 à 45 »
      —   à l'aide de la charrue écossaise. . .15 à 22 50
Remise en place des gazons, après l'achèvement des ter-
  rassements . . . . .37 à 68 »
Petites digues, etc., de 0ᵐ,60 de hauteur, par mètre cou-
  rant .1 10 à 2 20
</pre>

Pour la construction des bassins, réservoirs, grandes digues, déversoirs, etc., il est impossible de donner des prix généraux.

Le fermier est obligé d'entretenir les prairies irriguées dans l'état où il les a reçues; la moindre négligence de sa part aurait des conséquences graves, car, non-seulement elle entraînerait la perte des intérêts du capital engagé, mais encore celle du capital lui-même, que le fermier serait naturellement obligé de rembourser. Les soins à donner aux prairies irriguées consistent à les ménager pendant la fenaison, à entretenir en bon état les rigoles principales et secondaires; à conserver pendant sa gestion aux planches les mêmes pentes et les niveaux convenables ; à arroser largement en automne jusqu'aux gelées, et avec précaution au printemps.

§ 127. Assainissement au moyen de tuyaux souterrains, ou drainage (1).

L'assainissement des terres au moyen de conduits couverts formés de pierres, de fagots, de gazon, de briques, de tuiles, etc., n'est plus guère usité depuis qu'on emploie des tuyaux de terre cuite pour favoriser l'écoulement des eaux souterraines. Nous ne parlerons ici que de ce dernier mode d'assainissement, c'est-à-dire du drainage proprement dit. Toutes les données qui vont suivre se rapportent au drainage dont l'expérience a confirmé l'efficacité et dont les conditions essentielles sont : drains souterrains parallèles entre eux et disposés selon la plus grande pente du terrain. Les autres systèmes récemment proposés n'ayant pas encore reçu la sanction de l'expérience, nous n'en parlerons pas.

Un drainage n'est efficace que s'il a été exécuté d'après un plan soigneusement étudié et bien dressé, avec de bons matériaux, par des ouvriers entendus, bien dirigés et surveillés ; c'est surtout la pose des tuyaux qui doit être faite avec beaucoup de soins. Un drainage où les eaux s'amassent au fond des drains, sans pouvoir s'écouler,

(1) Nous renvoyons ceux de nos lecteurs qui voudraient avoir les renseignements les plus complets sur les opérations de drainage, à l'excellent traité de M. l'ingénieur J. Leclerc, publié dans la *Bibliothèque rurale* de Belgique.

faute d'une pente suffisante ou d'un canal de décharge, est évidemment inutile et entraîne beaucoup de dépenses sans donner aucun bénéfice. Ce principe est tellement clair, qu'il suffit de l'énoncer pour être frappé de son évidence, et malgré cela, on n'exécute que trop souvent des drainages où les eaux restent au fond des tranchées. Ainsi, la première condition d'un bon drainage, c'est que la pente des drains et la décharge des eaux soient suffisantes.

La profondeur à donner aux drains dépend de la *nature du sol* et de la *configuration du terrain*. On admet la profondeur de 1^m,25 comme suffisante dans la généralité des cas ; cependant dans les sols très-argileux et humides, cette profondeur peut aller à 1^m,60, et dans les sols tourbeux ou très-spongieux, elle peut aller jusqu'à 2^m,20 et au delà.

Quant à l'écartement des drains, il dépend à la fois de la *nature du sol* et de la *profondeur* à laquelle on pose les drains. Voici quelques données générales sur ce point :

NATURE DU SOL.	Espacement minimum des drains.	Espacement maximum des drains.
Sable graveleux, grossier. . . .	14^m,05	18^m,75
Gros sable ferrugineux	13^m,15	14^m,05
Sable fin, un peu consistant . . .	9^m,30	11^m,25
Sable argileux	11^m,25	13^m,15
Argile forte et adhérente. . . .	7^m,35	9^m,30
Argile grasse, plastique	5^m,65	6^m,60
Argile et glaise ordinaires. . . .	9^m,30	11^m,25
Argile et glaise sablonneuses . .	11^m,25	13^m,15
Terre grasse, terre d'étang . . .	5^m,65	11^m,25
Sol tourbeux.	11^m,25	13^m,15
Sol calcaire et crayeux	7^m,35	9^m,30 (1)

(1) M. Vincent admet des distances plus grandes que celles ci-dessus. Pour le sol argileux ordinaire, il est d'avis qu'un écartement de 14 mèt.

Quant à la pente minimum des drains, voici les chiffres de M. Vincent à cet égard :

Diamètres intérieurs des tuyaux.	Pente par 100 mètres.	Pente par mètre.
0m,025	0m,415	0m,004
0m,052	0m,207	0m,002
0m,078	0m,155	0m,0015
0m,104	0m,085	0m,0008
0m,130	0m,060	0m,0006
0m,157	0m,040	0m,0004

La longueur des tuyaux est ordinairement de 0m,30 ; M. Kielmann conseille de ne leur donner qu'une longueur de 0m,23, afin d'augmenter le nombre des joints. Quant à l'épaisseur des parois des tuyaux, voici les données de M. Vincent.

Diamètres des tuyaux.	Épaisseur des parois.
0m,025	0m,0065
0m,037	0m,0076
0m,052	0m,0087
0m,078	0m,0130
0m,104	0m,0152
0m,130	0m,0174
0m,157	0m,0196

Prix moyen des tuyaux :

			Francs.
1,000 tuyaux de 0m,037 de diamètre coûtent	20 63
— 0m,052 —	26 25
— 0m,078 —	40 »
— 0m,104 —	63 12
— 0m,130 —	86 25
— 0m,157 —	115 »

est suffisant, et il pose cette règle : Pour les sols compactes il faut donner, par chaque 0m,30 de profondeur, un écartement de 3m,60 (écartement égal à douze fois la profondeur) ; dans les sols perméables, l'écartement doit être de douze à vingt-quatre fois la profondeur, selon le degré de perméabilité : on rapproche les drains d'autant plus que le sol est plus compacte.—On a constaté qu'en Saxe il fallait moins d'écartement entre les drains qu'en Poméranie et dans le Mecklembourg.

Pour les dépenses des travaux, on admet que l'ouverture et le remplissage des tranchées coûtent, dans un sol qu'on peut entamer à la bêche, par mètre courant :

		Francs.
A la profondeur de	1^m,25	0,050 à 0,1165
—	1^m,57	0,066 à 0,1498
—	1^m,88	0,0832 à 0,1665
—	2^m,20	0,1000 à 0,2166
—	2^m,50	0,1165 à 0,2497

Pour calculer d'après ces données la longueur en mètres des tranchées nécessaires par hectare (pour les drains absorbants ou d'asséchement), on n'a qu'à diviser l'hectare ou 10,000 mètres par l'espacement des drains et le quotient donne le nombre de mètres de drains, et partant de tuyaux. Au moyen de ce résultat on trouve : 1° le prix des travaux ; 2° le prix des tuyaux nécessaires ; 3° et par l'addition de ces prix partiels, la dépense totale. — Les travaux pour les drains principaux et les drains collecteurs ne sont pas plus chers que ceux des petits drains absorbants ; on les évalue donc d'après ce taux ; quant à la longueur de ces drains, elle dépend tout à fait des circonstances locales (configuration du terrain, etc.), de sorte qu'on ne peut pas fournir des données générales à cet égard.

D'après les principes posés ci-dessus, le nombre de mètres de *drains absorbants* serait par hectare (abstraction faite des irrégularités du champ) :

ÉCARTEMENT des drains d'assèchement	LONGUEUR totale des tranchées ou des drains.	NOMBRE CORRESPONDANT des tuyaux ayant les longueurs suivantes :			
		0^m.30.	0^m.33.	0^m.36.	0^m.40.
MÈTRES. 7	1429	4763	4287	3970	3522
8	1250	4466	3750	3272	3125
9	1110	3703	3333	3086	2777
10	1000	3333	3000	2778	2500
11	909	3030	2727	2525	2272
12	833	2776	2499	2314	2082
13	796	2893	2307	2136	1922
14	714	2716	2142	1983	1785
15	667	2223	2001	1853	1667
16	625	2083	1875	1736	1562
17	588	1960	1764	1632	1470
18	556	1853	1668	1544	1390
19	526	1753	1578	1461	1315
20	500	1666	1500	1389	1250

Prix de la confection des tranchées, ou de la main-d'œuvre.

ÉCARTEMENT des drains.	PROFONDEUR des drains.		MÈTRES par hectare.	PRIX par hectare.
M.	M.			FRANCS.
7	1.16		1429	65 à 150
10	1.66	1/6 de l'écartement.	1000	72 à 162
12	2.00		833	75 à 175
14	1.16		714	32 à 75
20	1.66	1/12	500	36 à 81
24	2.00		417	37 à 88
21	1.16		476	22 à 50
30	1.66	1/18	333	26 à 54
36	2.00		278	25 à 58

Le posage des tuyaux se paye 1 centime à 1,5 centime par mètre courant ; mais il vaut mieux faire exécuter ce travail à la journée.

La journée du surveillant ou du maître-draineur se paye fr. 2-50 à fr. 3-75. En moyenne, on admet que la dépense pour les tuyaux collecteurs est à peu près égale à celle faite pour les petits tuyaux d'asséchement.

Quant aux dépenses pour les études, le nivellement, le plan, le devis, etc., on peut difficilement les fixer d'avance. Dans quelques contrées de l'Allemagne, on a adopté le tarif suivant :

```
                                                        Francs.
Études, nivellement, plans et devis pour 25 ares.  . . .   7 50 à  9 40
     —   50 ares, fr. 5-60 à 6-50 par 25 ares ou 11 20 à 13  »
     —   75 ares, fr. 5  » à 5-60        —        15  » à 16 80
     — 100 ares, fr. 4-70 à 5- »         —        18 80 à 20  »
     — 125 ares, fr. 4-50 à 4-70         —        22 50 à 23 50
     — 150 ares, fr. 3-75 à 4  »         —        22 50 à 24  »
     — 175 et au delà fr. 3 à 3-60       —        21  » à 25 20
     — 200 et au delà, fr. 2-80 par chaque 25 ares.
```

Dépense totale. M. Vincent admet que, pour les drainages d'une certaine étendue, la main-d'œuvre coûte autant que les tuyaux, et qu'en moyenne la dépense par hectare est : 1º dans les conditions les plus favorables, de 90 à 150 francs ; 2º dans les conditions ordinaires, de 180 à 240 francs, et 3º dans les conditions les plus difficiles, de 300 à 450 francs.

A la longue, les drainages les mieux exécutés ont besoin de réparations. Le fermier devra les faire en temps opportun, avant qu'elles deviennent trop considérables ; il ne reculera donc pas devant un léger sacrifice, car les travaux de réparations ne sont ni aussi difficiles, ni aussi coûteux qu'on le dit généralement. Avec l'aide d'un bon plan, on fait dans les places défectueuses quelques tranchées perpendiculaires aux drains ; on découvre ainsi les tuyaux, et en creusant dans la direction des drains, on trouve facilement les points défectueux. Pour le prix des outils de drainage, voir § 23.

DONNÉES RELATIVES A LA DIRECTION DU MÉNAGE ET A
LA GESTION INTÉRIEURE DE LA FERME.

Les conditions générales indispensables à une bonne
gestion intérieure de la ferme sont : ordre et ponctualité
dans les dépenses et les recettes, comme dans la sortie
et l'entrée des denrées d'approvisionnement ; surveillance
active et sévère des travaux ultérieurs que nécessitent les
produits agricoles dans la ferme, surtout la fabrication
du beurre et du fromage ; propreté et bonne conservation
des provisions ; surveillance des mesurages et pesages,
dans les ventes comme dans les achats, etc.

Les tableaux de l'appendice contenant les mesures, les
poids et les monnaies, serviront à faciliter les calculs relatifs à toutes les transactions qui se présentent dans la
vie rurale.

REMARQUE. Quoique l'emploi des anciens poids et mesures soit dé-
fendu par la loi, leur usage se maintient malheureusement encore
dans quelques localités, au moins pour les transactions de peu d'importance. Le fermier devra donc se préparer ou se procurer des
tableaux où toutes les anciennes mesures de surface, de volume,
de capacité et de poids *de la localité* soient converties en mesures
nouvelles ; de cette manière il n'y aura jamais de malentendu entre
lui et les ouvriers qui ne seraient pas au courant des nouvelles mesures. Quant à lui, dans ses livres comme partout, il devra toujours
employer le système métrique.

§ 128. De quelques dépenses de ménage.

Au § 63, nous avons énuméré, dans le compte de
dépenses, les substances alimentaires nécessaires à la

nourriture des domestiques. Dans quelques localités, on compte souvent de 5 à 7 kilog. de pain par semaine et par domestique. Dans ce cas, on admet que 3 kilog. de farine donnent 4 kilog. de pain de ménage, ou que 9 kilog. de pâte donnent 8 kilog. de pain. — La ration de viande, quand on en donne, pèse 250 à 375 grammes ($\frac{1}{4}$ à $\frac{3}{8}$ de kilog.). Environ la moitié de la viande consommée annuellement se compose de viande salée ; pour la saumure, on prend 5 kilog. de sel de cuisine et 30 à 115 grammes de salpêtre par chaque 100 kilog. de viande à saler. — Le minimum de lait, par personne et par an, est de 100 à 115 litres, et le maximum de 285 à 300 litres. Si l'on donne souvent de fortes rations de viande, il faut compter 8 à 10 kilog. de beurre par an et par personne, et en moyenne 12 à 15 kilog.; mais si les mets farineux dominent, — pommes de terre, farine et gruaux, — il en faut 16 à 26 kilog. — Pommes de terre, minimum, 2,20 hectol.; maximum, 8,8 hectol. — Choux pommés, environ 60 têtes par personne, si l'on fait une grande consommation de choucroute. — Sel, 10 à 12 kilog.; vinaigre, 6 à 18 litres ; épices, pour fr. 0-25 à fr. 0-60. — Cidre, dans les pays où l'on fabrique cette boisson, environ 285 litres. Dans les pays à bière, on donne 285 à 400 litres de petite bière. Là où existe la mauvaise habitude de distribuer une petite ration d'eau-de-vie, on compte 23 à 46 litres par tête et par an. Dans beaucoup de contrées, on ne donne de boissons fermentées que pendant la moisson.—Quant au bois à brûler nécessaire pour la préparation des aliments, la cuisson du pain, le lessivage et le chauffage (de la chambre commune des domestiques), on compte, par an et par tête, 5 stères de bois ou une quantité équivalente d'autres combustibles. (Voir § 132.) Pour chauffer une grande salle pendant l'hiver , il faut 15 à 19 stères ; on accorde ordinairement à un chef de service ou à un maître-valet mariés 19 à 25 stères de bois. Quand on cuit beaucoup d'aliments pour les bestiaux, on compte 3,3 stères de bois de sapin par 15 à 20 têtes. En grande moyenne, on compte dans l'Allemagne *septentrionale* (où les hivers sont rigoureux), pour une ferme de 125 hectares, prairies comprises, une consommation annuelle de 190 à 210 stères de bois. — La consommation du bois n'augmente pas dans la même proportion que l'étendue de la ferme ; cette différence dans la proportion d'augmentation est de 3 à 6 p. c. Si une brasserie, une distillerie ou une tuilerie purement agricoles (et sans exploitation industrielle) sont annexées à la ferme, on compte 1 *stère de bois par chaque 8 hectolitres de pommes de terre distillées ;* 1 stère pour sécher sur la touraille 16 hectol. d'orge germée, et 1 stère pour convertir en bière 4 hectol. de malt. Pour cuire 1,000 briques, il faut 3,30 stères de bois de sapin ou une quantité équivalente d'autres combustibles propres à cet usage. — Une lampe consume par an 10 à 12 kilog. d'huile, si elle brûle, en moyenne, 3,6 heures ; 8 à 10 kilog., si elle brûle seulement 3 heures.

Pour l'entretien des ustensiles de ménage, on compte par personne et par an :

	Francs.
Poteries, ustensiles de cuivre, de laiton, de fer-blanc et de fonte.	7 »
Literie et linge	2 50
Meubles	2 50
Blanchissage du linge de table	0 40
Blanchissage et raccommodage de la literie	4 40
Savon 1/2 kilog. par tête.	

Balais. Il faut annuellement 5 à 6 balais à chaque personne qui en fait usage ; dans les granges, il en faut 1 par chaque mois de battage.

Quant à la grosse toile pour sacs, etc., on compte 1 franc à fr. 1-50 par hectare de céréales, si la ferme a au moins 12 hectares ; mais si elle est plus petite, il en faut davantage par hectare, le double et même au delà.

§ 129. Produit en crème, beurre et fromage d'une quantité déterminée de lait.

Lait de vache. Sa composition. Il contient 12 à 13 p. c. de substances solides et renferme :

Fromage (caséine et albumine)	4,5	p. c.
Beurre (graisse)	3,5	—
Sucre de lait (lactose). . . .	4,5	—
Sels	0,2	—
Eau	87,3	—
	100,0	

Rendement moyen en crème : 12 à 15 p. c., qui donnent 25 à 30 p. c. de beurre.

En général, on admet que 100 kilog. de lait fournissent :

12	à 15	kilog.	de crème.
3,50	à 4	—	de beurre.
9	à 11	—	de fromage gras.
8	à 9	—	de fromage demi-gras.
5	à 6	—	de fromage maigre.
3,50	à 4	—	de sucre de lait brut.
3,50	à 5	—	de serai ou brocotte (fromage de petit-lait).

Pour écrémer le lait avec facilité, les vases plats, en ferblanc, d'après le modèle de Gussander, sont excellents ;

le lait écrémé s'écoule par un petit tuyau étroit. — On peut regarder le rendement en beurre comme satisfaisant, si, pour la moyenne de toute l'année, 24 à 30 kilog. de lait donnent 1 kilog. de beurre. Dans ce cas, 5 à 7 litres de lait donnent 1 litre de crème, et 4 litres de crème environ 1 kilog. de beurre. — Pour saler 1 kilog. de beurre, il faut 30 à 60 grammes de sel. Le beurre frais contient, en moyenne, 18 à 20 p. c. d'eau, de fromage et de sel.

Les meilleures barattes sont encore celles à mouvement de va-et-vient, et la baratte à berceau ou balançoire.

Température. Pour la fabrication du beurre, la meilleure température est, en été, de 12,5 à 15° centigrades (10 à 12 R.); en hiver, de 20 à 22,5° centigrades. Le lait servant à la fabrication du fromage doit avoir une température de 37,5 degrés centigrades, quand on y ajoute la présure. La laiterie, pourvue d'un bassin d'eau, s'il y a possibilité, doit avoir une température de 12,5 à 15° centigrades en été, et de 15 à 20° centigrades en hiver.

Le fermier doit tenir note de la quantité de lait que donne chacune de ses vaches par jour, ce qui ne demande que quelques minutes de travail. La personne chargée de la traite des vaches compte le nombre de litres donnés par chaque bête, d'après la marque de la jauge qu'elle enfonce dans le vase ; on peut aussi jauger le vase d'avance. Chaque mois au moins on essayera le lait au crémomètre, et l'on pèsera le beurre provenant d'une quantité déterminée de lait et de crème, afin de se rendre compte de la richesse du lait en crème et en beurre. Il serait intéressant de faire les mêmes expériences à chaque changement de régime d'alimentation.

20.

Lait de brebis. 100 kilog. de lait de brebis donnent 3,5 kilog. à 4 kilog. de beurre ou 10 à 15 kilog. de fromage.

Lait de chèvre. 100 kilog. de ce lait donnent environ 6 kilog. de fromage gras (Mont D'or et Roquefort).

§ 130. Frais de tonte des bêtes à laine.

Au § 83 nous avons donné le nombre de personnes nécessaire au lavage, à la tonte, etc., des moutons, et les frais que ces opérations entraînent. Quant aux dépenses totales occasionnées par le lavage, la tonte, l'assortiment et le liage des laines, ou l'emballage dans des sacs, on compte 10 à 20 centimes par kilog. de laine.

§ 131. Rendement du lin en filasse (lin peigné ou sérancé).

Le fermier devra vendre son lin brut à des liniers exploitants, à des établissements de rouissage ou à des filatures, si cela est possible, car il fera ainsi plus de bénéfice que s'il le faisait travailler lui-même. Le lin perd par le rouissage 25 à 33 p. c. de son poids ; par le maquage, broyage, 50 p. c. ; le lin broyé perd par l'espadage et le peignage (sérançage) 75 à 80 p. c. ; de sorte que 100 kilog. de lin broyé ne donnent que 20 à 25 kilog. de lin peigné, l'étoupe non comprise.

§ 132. Pouvoir calorifique des divers combustibles.

On a dressé beaucoup de tables sur le pouvoir calorifique des différents combustibles, mais elles sont de peu d'usage pour le cultivateur, attendu que ce pouvoir varie à l'infini, surtout pour les diverses espèces de tourbe, de houille et de lignite; aussi ne donnons-nous pas ces tables, qui se trouvent, au reste, dans presque tous les calendriers agricoles. Il nous suffira d'appeler l'attention sur quelques points importants.

Les diverses essences de bois ont, *à poids égal*, à peu près *la même* puissance calorifique ; mais, *à volume égal*, ce pouvoir calorifique varie beaucoup, à peu près dans le même rapport que le poids spécifique du bois. Ainsi 100 kilog. de bois de sapin donnent à peu près autant de chaleur que 100 kilog. de bois de hêtre ; mais 1 stère de bois de sapin, ne pesant pas autant qu'un stère de bois de hêtre, ne donnera naturellement pas autant de chaleur. Plus une essence de bois est pesante, plus elle renferme de matières combustibles sous un volume déterminé. Le bois bien sec et fendu en petits morceaux donne le plus de chaleur.

Le bon charbon de terre (charbon fossile ou houille) et le bon coke chauffent, à poids égal, de 1 $\frac{1}{4}$ à 2 fois autant que le bois ordinaire séché à l'air ; il faut naturellement que le foyer et la cheminée soient disposés de telle sorte que la houille se consume complétement. Le bon lignite (espèce de houille terreuse) et la bonne tourbe peuvent avoir un pouvoir calorifique égal à celui du bois, mais, s'ils sont humides ou s'ils fournissent beaucoup de cendres, ce pouvoir n'est souvent que de la moitié.

Le fermier fera bien de consulter un homme de l'art pour la construction des différents foyers et cheminées de sa ferme ; il pourra aussi faire *des essais comparatifs de chauffage,* et il choisira alors son bois avec plus de sûreté que s'il consultait les tables.

DONNÉES RELATIVES A L'ADMINISTRATION DES ÉTANGS.

Le produit des étangs, tant en qualité qu'en quantité, ne dépend pas seulement du bon choix des étangs selon leur destination, de l'espèce de poissons qui domine et de la proportion qui existe entre les diverses espèces, mais encore des bons soins et des travaux d'entretien qu'on leur applique. Ce qui exerce surtout une influence favorable sur le produit des étangs, c'est d'abord le labourage régulier du fond. Par là une infinité de vers et d'insectes trouvent l'occasion de déposer dans le sol remué leurs jeunes et leurs couvains, qui serviront plus tard de nourriture aux poissons ; c'est ensuite la précaution de ne tenir les eaux qu'à 0^m,6 ou tout au plus à 1 mètre de hauteur, afin que les rayons du soleil puissent échauffer l'eau et le fond, et favoriser ainsi la croissance des bonnes plantes aquatiques ; ces plantes fournissent non-seulement un bon fourrage pour le bétail, mais leurs semences (surtout celles de la fétuque flottante) sont encore une excellente nourriture pour les poissons, nourriture encore augmentée par les excréments des animaux qui paissent dans l'étang : c'est, enfin, le curage régulier des fossés, rigoles, etc., pendant les temps d'assec, afin que les carpes, — espèce de poissons que nous avons principalement en vue ici, — aient plus tard un accès facile aux eaux peu profondes, qui sont souvent les plus riches en substances alimentaires. D'ailleurs les curages et les réparations bien exécutés donnent aussi aux eaux un cours régulier, ce qui empêche les poissons d'adhérer à la glace en hiver, accident qu'il faut éviter par tous les moyens possibles, dût-on pour cela favoriser l'écoulement de l'eau par l'abaissement successif des planches de l'écluse.

Nettoyer soigneusement les étangs, surtout les étangs à frayer, les fermer avec de bonnes claies, afin d'en interdire l'entrée aux poissons voraces ; éloigner des étangs de pose les bestiaux, les canards et tout autre sujet de trouble ; pêcher l'alevin avec des précautions particulières ; faire entrer et écouler les eaux régulièrement ; briser en hiver la glace aux deux extrémités du bief ; faire écouler lentement les eaux avant la pêche ; laver les poissons à l'eau fraîche, et les prendre à la main dans le canal de pêche, si cela est possible; choisir les carpes à frayer d'après une conformation et dans un état de santé parfaits, voilà les conditions essentielles d'une bonne exploitation des étangs.

§ 133. Accroissement, déchet, vente et prix moyen des poissons ; produit d'une pêcherie.

Croît du poisson. 8 carpes, dont 5 mâles ou laitées et 3 femelles ou œuvées, produisent 1,500 à 2,500 pièces de bon alevin. Cet alevin, placé dans le premier étang de croissance, pèse à la fin de l'été 0,117 à 0,240 kilog., selon le degré de population ; à la fin du 2ᵉ été, il pèse 0,467 à 0,70 kilog. ; enfin, placé dans l'étang principal (étang de vente), l'alevin de deux étés, devenu carpe de table, pèse 0,935 à 1,40 kilog. — Souvent on calcule l'augmentation de poids dans l'étang principal d'après le poids du nourrain ou alevin qu'on y met, et l'on admet alors que cette augmentation est de 3/4 ou de 1, ou enfin de 1 1/2 fois le poids du nourrain, selon que l'accroissement est petit, moyen ou grand. 60 à 90 carpes de vente pèsent 100 kilog. environ. La vente des très-grosses carpes est quelquefois aussi difficile que celle des petites.

Autres poissons à ajouter aux carpes. Pour 100 carpes, on ajoute ordinairement 5 brochetons; les perches, qui ne sont pas de vente partout, ne sont ajoutées qu'en petite quantité; quant aux tanches, on n'en met pas dans les étangs où il y a des brochets, à moins qu'elles ne soient déjà très-grandes. Les tanches de 0,467 à 0,70 kilog. sont de bonne vente. Les tanches à frayer sont placées le plus convenablement avec les carpes à frayer.

Déchet. Ebert estime les pertes de la manière suivante :

Alevin de 1 an (frai).	12 à 15 p. c.
Alevin de 2 ans (ou du premier été). .	9 à 10 —
Alevin de 3 ans (ou de deux étés) . .	7 à 9 —
Poissons de l'étang principal, en 1 an.	2 à 4 —
— en 2 ans.	4 à 6 —
— en 3 ans.	6 à 8 —

Souvent on admet pour l'étang principal une perte totale de 4 à 5 p. c.

Prix moyen des poissons. Pour la vente en gros, on compte :

	Francs.
100 pièces de frai	0 93
100 pièces de nourrain d'un été . .	8 75
100 — de deux étés.	18 55 à 19 75

Carpes de table du poids moyen de 1,17 kilog, chacune, 30 à 37 fr. 50 c. les 100 kilog.

Évaluation approximative des frais et du revenu. Les frais se composent : 1° de l'intérêt du capital représentant la valeur des poissons (pour autant que les poissons ne fassent pas partie de l'inventaire, et que l'intérêt n'en soit déjà compté dans le prix du fermage) ; 2º de l'intérêt et de l'entretien du mobilier de la pêcherie (canots, filets, etc.) ; 3º des frais d'administration, des gages du gardien, par exemple, etc. ; 4º de l'entretien des digues, des grilles, des fossés, et 5º des frais de repeuplement, de la pêche et du transport des poissons. Le total de ces frais monte, en moyenne, pour les différentes espèces d'étangs, à 6 et même à 8 francs par hectare. Le revenu net, y compris les produits accessoires des étangs, est de 33 fr. 75 c. à 60 fr. par hectare.

INDUSTRIES AGRICOLES.

Déjà au § 23 *g*, nous avons essayé de faire ressortir les avantages qu'il y a, dans certaines circonstances, d'adjoindre à une exploitation rurale une ou plusieurs industries agricoles accessoires. Si ces industries doivent recevoir une certaine extension, — ce qui suppose nécessairement une grande exploitation, — le fermier ne pourra s'occuper que de leur *organisation* et de leur *surveillance* suprême, et il ne perdra pas de vue que l'organisation, l'importance et l'exploitation de ces industries doivent être en rapport avec l'organisation générale de sa ferme, ainsi qu'avec les exigences de la technologie actuelle. En revanche, la *direction spéciale* de ces industries devra être confiée, dans ce cas, à un agent spécial, à un homme du métier, car si, naguère, elles formaient des industries tout à fait secondaires, accessoires de l'économie rurale, dans les dix dernières années elles se sont tellement développées, elles ont acquis une telle perfection sous le rapport technique et chimique, qu'elles sont devenues de véritables fabriques, complétement indépendantes, qui, pour être profitables, lucratives, ne peuvent plus être exploitées d'une manière accidentelle, accessoire, et exigent, comme toute autre industrie technique, une pratique exercée, consommée, beaucoup de précision, une surveillance incessante et intelligente, une connaissance scientifique du sujet et une appréciation exacte des conditions de succès et des spéculations commerciales qu'elles engendrent. La chimie de la fermentation est devenue une science spéciale, indépendante, de même que les distilleries, les brasseries, les vinaigreries et les sucreries sont devenues, elles aussi, des branches d'industries spéciales, indépendantes. Ces industries, quoique pour la plupart intimement liées à l'agriculture, à cause des matières premières qu'elles lui demandent et des résidus qu'elles lui procurent, exigent donc une. éducation spéciale professionnelle, complète, si l'on veut les exercer et les exploiter d'une manière rationnelle.

Eu égard à cet état de choses, on nous excusera, nous l'espérons, si nous n'entrons pas ici dans tous les détails techniques de ces industries, quelque importantes qu'elles soient pour beaucoup d'agriculteurs. Le cadre étroit dans lequel nous devons nous renfermer ne nous permettrait pas d'en faire une exposition suffisamment étendue et complète; or, une étude superficielle pourrait devenir plutôt nuisible qu'utile. Ceux qui voudraient étudier ces industries à fond les trouveront exposées tout au long dans les ouvrages allemands suivants : *« Chimie de la fermentation, par Bolling; »* *« Manuel théorique et pratique des industries agricoles, par Otto et Siemens* » (fabrication de la bière, des eaux-de-vie, de la levûre, des liqueurs, du vinaigre, de l'amidon, du sucre de fécule, du sucre de betterave, de la chaux, du plâtre, des briques et tuiles, de la potasse, des huiles épurées, du beurre, des fromages, du pain et du savon); « *Traité de technologie chimique, par Knapp;* » « *Traité de la fabrication des eaux-de-vie, par Schwarzwaeller, etc., etc.* »

Nous avons cependant jugé utile de faire suivre ici quelques données relatives à quelques-unes des industries énumérées ci-dessus; mais nous nous contenterons toutefois de rapporter celles qui ont une utilité pratique incontestable, c'est-à-dire celles qui peuvent servir même au fermier qui ne s'occupe ni de brasserie ni de distillerie.

§ 134. Essai des pommes de terre sous le rapport de leur richesse en fécule.

Plus les pommes de terre contiennent de fécule, plus elles sont denses, pesantes, et meilleures elles sont. Le cultivateur a donc intérêt à connaître la teneur en fécule de ses pommes de terre. Voici un moyen très-simple pour faire cet essai. On prend 6 grands verres dans chacun desquels on met $\frac{1}{2}$ kilog. ou 1/2 litre d'eau ; on prend ensuite du sel de cuisine préalablement desséché, et l'on en met 31,25 grammes dans le 1er verre, 35,15 grammes dans le 2e, 39,05 grammes dans le 3e, 42,95 grammes dans le 4e, 46,85 grammes dans le 5e et enfin 50,75 gràmmes dans le 6e. Quand le sel est entièrement dissous, on met la pomme de terre dont on veut faire l'essai dans le 6e verre, et si elle surnage, c'est-à-dire si elle est spécifiquement plus légère que l'eau salée, on la met dans le verre nᵒ 5 ; si elle surnage encore, on la met dans le nᵒ 4 et ainsi de suite, jusqu'à ce qu'on arrive au verre où la pomme de terre enfonce, c'est-à-dire dont l'eau a un poids spécifique moins grand que celui du tubercule. On tient note du numéro et l'on essaye ainsi successivement 6 à 8 tubercules, ce qui se fait assez vite après un peu d'exercice ; on prend ensuite la moyenne de ces 6 à 8 essais, et l'on cherche dans le tableau suivant à quelle teneur en fécule cette moyenne correspond :

Solutions.	Quantité de sel en dissolution. Grammes.	Teneur probable en fécule.
Nᵒ 1.	31,25	15 p. c.
— 2.	35,15	17 —
— 3.	39,05	19 —
— 4.	42,95	21 —
— 5.	46,85	22 1/2 —
— 6.	50,75	24 —

Si la pomme de terre surnage encore dans le nᵒ 1, elle contient moins de 15 p. c. de fécule ; si elle enfonce encore dans le nᵒ 6, elle en contient plus de 24 p. c.

Cet essai ne donne sans doute que des résultats approximatifs ; mais si l'on considère que la richesse en fécule peut osciller entre 14 p. c. et 26 p. c., on devra avouer qu'un tel essai, à la portée de tout le monde, est d'une grande importance pour le cultivateur. En effet, les résultats suivants, obtenus à l'Académie agricole de Tharand, en 1850, dans des essais faits sur des pommes de terre venues dans les mêmes circonstances — même sol, même fumure et mêmes conditions météorologiques — montrent à quelle perte on s'expose en cultivant des pommes de terre pauvres en fécule.

	Pommes de terre dites oignons, rouges de Saxe.	Pommes de terre réniformes.	Pommes de terre bleues marbrées.	Bonnes pommes de terre blanches.
Récolte par hectare. .	216 qx.	174 qx.	168	108
Matière sèche des tubercules.	74 qx.	54	46	27
La récolte vaut en foin.	3080 kilog.	2230	1880	1125
Fécule contenue dans les tubercules. . .	1435 kilog.	1035	815	481
100 kilog. de pommes de terre donnent en esprit-de-vin (1) . .	24,30 litr.	23,70	18,30	16
Toute la récolte fournit en esprit-de-vin . .	52,50 hectol.	41,24	30,75	11,28

REMARQUE. L'essai peut encore être fait en opérant directement l'extraction de la fécule, ou bien par la dessiccation de plusieurs échantillons de pommes de terre coupées en tranches minces. Dans ce dernier cas, on obtient la proportion de substance sèche, qui est un peu plus grande que celle de la fécule (A.).

§ 135. Richesse de diverses plantes et parties de plantes en fécule et en sucre.

Le rendement en fécule et en sucre varie beaucoup, selon l'espèce et la variété des plantes, la nature du sol et de l'engrais ainsi que les façons préparatoires des terres et les circonstances météorologiques. Un sol léger, une fumure faible, une température chaude, augmentent, en général, la proportion de fécule et de sucre, tandis qu'un sol compacte, une fumure forte, surtout avec du fumier frais, et une température humide et froide la diminuent, ce qui revient à dire que des plantes d'une végétation luxuriante et d'une maturité incomplète sont d'ordinaire plus riches en combinaisons azotées et partant plus pauvres

(1) Esprit-de-vin à 50° centésimaux de Gay-Lussac ou 50 centièmes de volume.

en substances non azotées ou fécule, sucre, etc., que des plantes moins vigoureuses et d'une maturité parfaite. Un amendement avec du sel marin diminue la teneur des pommes de terre en fécule, et vraisemblablement aussi la richesse des betteraves en sucre. On peut admettre, en moyenne, les données suivantes :

	De fécule ou amidon.
Riz.	75—80 p. c.
Millet.	65—70 —
Maïs	55—60 —
Blé, seigle	50—55 —
Orge, avoine, sarrasin	40—50 —
Pois, féveroles, vesces, lentilles.	35—40 —
Pommes de terre.	14—26 —
La farine fine, blanche, des céréales contient en plus.	10—15 —

	De sucre cristallisable.
Canne à sucre à l'état frais.	18—20 p. c.
— sec	60—70 —
Betteraves à sucre à l'état frais	10—13 —
— sec.	50—70 —
Sorgho, à l'état sec	10—15 —
Topinambours, à l'état frais	10—15 —
Raisins, à l'état frais.	10—25 —
Cerises, à l'état frais.	10—12 —
Groseilles, pommes, poires, à l'état frais	4— 8 —
Prunes, fraises, myrtilles, à l'état frais	2— 4 —

Dans les amidonneries, on extrait du blé, en moyenne, 70 à 75 p. c. de l'amidon total qu'il contient, ou 35 à 42 kilog. d'amidon par 100 kilog. de blé ; dans les *féculeries,* on n'obtient que 60 à 65 p. c. de toute la fécule que contiennent les pommes de terre, parce qu'une partie des grains de fécule reste dans les cellules incomplétement déchirées et ouvertes de la pulpe. On peut donc admettre pour 100 kilog. de pommes de terre, un rendement de 8,40 kilog. à 17 kilog. de fécule sèche.

Sucre de betteraves. Pour 100 kilog. de betteraves, le produit en sucre brut cristallisable est de 7 kilog., au maximum de 8 kilog.; en mélasse, de 1,50 kilog. En moyenne, il faut 14 à 15 quint. de betteraves pour 1 quintal de sucre.

Dans la tranformation de l'amidon en sucre d'amidon (par la cuisson avec de l'eau et de l'acide sufurique, ou au moyen du malt) 100 kilog. d'amidon devraient donner, d'après la théorie, 111 kilog. de *sucre d'amidon*, mais ils n'en donnent réellement que 100 kilog.

En transformant l'amidon ou la fécule en esprit-de-vin — au moyen du maltage et de la fermentation — 100 kil. d'amidon ou de sucre d'amidon donnent, en théorie, 114 litres d'eau-de-vie à 50° centésimaux; dans la pratique, on est déjà parvenu à en extraire 100 à 102 litres.

Fabrication de la bière. L'orge perd par le maltage environ 10 p. c. de son poids, mais elle augmente en volume de 15 p. c. Ainsi 100 kilog. d'orge donnent largement 90 kilog. de malt séché au grand air ou 80 kilog. de malt séché sur les tourailles; mais 100 hectol. d'orge donnent 115 hectol. de malt. 1 kilog. de malt donne 2 à 2,75 kilog. de bière forte ou double, 3 à 4 kilog. de bière de mars, et 5 à 6 kilog. de bière légère ou petite bière.

§ 136. Conversion des céréales en farine et en pain.

Mouture. Dans la fabrication de la farine, la qualité des grains employés et la méthode de mouture exercent la plus grande influence sur la quantité et la qualité de la farine. C'est ainsi que dans une expérience récemment faite en Saxe, dans des moulins à l'américaine (ou à l'anglaise) 100 kilog. de seigle ont produit :

	Seigle pesant 81,20 kilog. l'hectolitre.	Seigle pesant 75 kilog. l'hectolitre.
Farine fine	73 kilog.	63 kil. ou 63 p.c.
Farine bise	4 —	6 —
Son	17 —	24 —
Eau évaporée	5 —	5,50 —
Déchets (poussière, etc.) . .	1 —	1,50 —
	100 kilog.	100 kilog.

La farine fine contient 14 p. c. d'humidité ou d'eau. Ainsi, en admettant, comme on le fait d'ordinaire, que 100 kilog. de seigle donnent en moyenne 75 à 85 kilog. de farine, et 8 à 12 kilog. de son, cette donnée n'est vraie que pour le seigle très-lourd et à écorce très-mince; le seigle léger et à enveloppe épaisse donne en son jusqu'à 25 p. c. ($\frac{1}{4}$) de son poids, et le rendement en farine diminue naturellement en proportion.

La mouture à l'américaine, dans laquelle on ne mouille pas préalablement le grain, donne toujours plus de farine fine, blanche, mais moins de farine moyenne et de farine bise. Ainsi, 100 kilog. de blé ont produit :

	Dans un moulin à l'américaine.	Dans un moulin à l'ancien système.
Farine de 1re qualité	72 kilog.	55 kilog.
— de 2e qualité	3 —	18 —
— bise	3 —	9 —
Son.	20 —	18 —
Déchet	2 —	?
	100 kilog.	100 kilog.

La farine provenant des moulins construits d'après

l'ancien système doit naturellement subir une dessiccation préalable, si l'on veut la conserver en magasin, tandis que la farine moulue à l'américaine (sans mouillage) peut se conserver telle qu'elle sort du moulin.

Rendement en pain. Des expériences récentes ont donné les résultats suivants :

```
100 kilog. de farine de blé ont fourni 125 à 126 kilog. de pain.
        —              seigle  —    130 à 132        —
```

Ces résultats concordent avec cette donnée admise par l'usage, que 3 kilog. de farine de seigle donnent 4 kilog. de pain. On conçoit qu'en employant de la farine moulue à l'américaine, le rendement en pain soit plus grand puisqu'elle absorbe une plus grande quantité d'eau. On admet, en outre, que 100 kilog. de farine de seigle donnent 150 à 160 kilog. de pâte, dont 20 à 25 kilog. s'évaporent dans le four. La farine et le pain bis sont plus riches en gluten (substances azotées) que la farine et le pain blancs dans lesquels l'amidon domine. Les premiers sont donc plus nourrissants, mais ils sont, par contre, plus difficiles à digérer.

Les grains germés par suite de temps humides et pluvieux au moment de la moisson ne sont plus propres à la panification, parce que le gluten, trop ramolli par l'humidité, n'est plus en état de faire lever la pâte et de fournir une mie poreuse et spongieuse. Cependant, on a découvert récemment que le sel rendait au gluten son ancienne consistance. D'après Lehmann, de la farine provenant de seigle germé fournit un pain satisfaisant, si l'on ajoute 1 kilogramme de sel par 48 kilogrammes de farine, ou 20 à 21 grammes de sel par chaque kilog. de farine.

Cette addition de sel prévient aussi plus ou moins la moisissure du pain.

L'agriculteur fait certainement très-bien *de ne plus cuire lui-même son pain*, de vendre ses grains et d'acheter son pain. En Saxe, beaucoup d'agriculteurs font un échange avec les boulangers; ils donnent 100 kilog. de seigle pour chaque 100 kilog. de bon pain de seigle qu'on leur livre. D'autres fournissent la farine et payent les frais de panification et de cuisson; le boulanger leur livre 4 kilog. de pain contre 3 kilog. de farine. Tous ceux qui suivent cette pratique s'accordent à dire qu'elle présente beaucoup d'avantages et d'économie sur l'antique et traditionnel usage de cuire le pain à la ferme même.

§ 139. Valeur des esprits-de-vin dans les différentes villes.

Presque chaque ville d'Allemagne calcule la valeur des esprits d'après une base particulière. Quand on fait des affaires en gros, on calcule généralement aujourd'hui d'après les centièmes (de volume) d'esprit contenus dans un quart = (1 lit. 145), mais l'unité qui sert à exprimer cette évaluation diffère selon les villes. Ainsi, à Stettin on calcule combien de centièmes de volume on vend ou l'on achète pour 1 silbergros (0 fr. 125), tandis que dans d'autres villes on évalue ce que coûte une somme déterminée de centièmes. A Berlin, c'est le nombre de 10,800 centièmes, à Breslau celui de 4,800 centièmes, qui sert de base dans les relations commerciales. Pour dispenser les distillateurs de faire à chaque instant des calculs pour le moins fastidieux, on a composé, d'après les différentes méthodes, des tableaux qui donnent le rapport de la valeur des esprits dans les différentes localités qui en font le commerce. En voici, à la page suivante, un extrait, en nombres ronds de centièmes.

Évaluation des rapports de valeur des esprits dans les différentes villes d'Allemagne.

Si à Stettin on donne 1 silbergros (12 1/2 cent.) pour les centièmes suivants :	ALORS ON PAYE																	
	à Breslau, pour 60 quarts, à 80° cent. = 4800 degrés ou centièmes.			à Magdebourg et à Halle. 180 quarts à 50° ou 9000 degrés.			à Dantzig, Kœnigsberg et Posen, 120 quarts à 80° ou 9600 deg.			à Cologne, 10400° ou centièmes.			à Berlin, 200 quarts à 54° = 10800°.			à Leipzig, Halle et Magdebourg, 180 quarts à 80° = 14400°.		
	Th.	Sgr.	Pf.	Th.	Sgr.	Pf.	Th.	Sgr.	Pf.	Th.	Sgr.	Pf.	Th.	Sgr.	Pf.	Th.	Sgr.	Pf.
30 degrés ou centièm.	5	10	6	10			10	20	0	11	16	8	12	00	0	16	00	0
29 — —	5	15	6	10	10	4	11	1	0	11	28	7	12	12	6	16	16	6
. . . .	.	.	.	.	.	.	.	.	.	.	.	.	.	.	.	.	.	.
10 — —	16			30			32			34	20		36			43		

REMARQUE. Nous nous sommes contenté de donner de ce tableau un extrait qui suffira pour faire comprendre les calculs. Ainsi, si la cote de Stettin porte que pour 1 silbergros on a 30, 29. . . 10 centièmes, la cote de Breslau porte les prix respectifs de 5 thal. 10 silbergros, etc. Nous traduirons la dernière cote en mesures du système métrique : Si, à Stettin, on a pour 1 silbergros = 12,5 cent. *un quart* = 1,1145 litre à 10 degrés ou 10 centièmes de volume (ce qui revient à 1/5 de quart à 50° centésimaux), la place de Breslau cotera les 60 quarts à 80 degrés à

$$\frac{60 \times 80 \times 1 \text{ silbergros}}{10} = 480 \text{ silbergr.} = \frac{480}{30} = 16 \text{ thalers} = 60 \text{ fr.},$$

ou en mesures françaises $\dfrac{60 \times 1,145 \text{ litres} \times 80° \times 12 \text{ cent. }5}{1,145 \text{ litres} \times 10} =$

480 ×12 cent. 5=60 fr. = 16 thalers. Cette cote appliquée à l'eau-de-vie qui marque 50° centésimaux (=preuve de Hollande=19° Cartier) porterait donc le prix de l'hectolitre à $\dfrac{100 \text{ litres} \times 50 \times 12 \text{ cent. }5}{1,145 \text{ litre} \times 10} = 5458$ cent. = fr. 54-58 (A.).

DIRECTION DES AFFAIRES COMMERCIALES.

§ 138. Pratique des ventes et des achats.

Les circonstances qui influent sur le prix des denrées agricoles ont été énumérées précédemment. Le produit net de la ferme dépend beaucoup des bons marchés que fait le fermier. Plus son capital circulant ou de réserve est petit, plus il doit se restreindre dans ses spéculations commerciales (1), et préférer les prix moyens mais sûrs, aux prix élevés mais incertains. Par contre, plus son capital disponible est considérable, plus ses spéculations

---

(1) Nous entendons ici par le mot spéculations les opérations commerciales qu'entraînent la *vente* des denrées agricoles produite sur la ferme, et l'*achat* des denrées qu'il faut se procurer au dehors pour les besoins de l'exploitation. Le fermier prudent ne se fera jamais spéculateur en denrées agricoles achetées, c'est-à-dire marchand de grains.

peuvent s'étendre, si toutefois il est doué de l'esprit commercial et s'il a la main heureuse. Cependant, une telle spéculation n'est possible que si le fermier n'est jamais forcé d'acheter à tout prix, des denrées indispensables, et cela parce qu'il aurait manqué d'argent quand elles étaient à bon marché, ou de vendre ses propres denrées à tout prix, *même au plus bas*, et cela parce qu'il aurait absolument besoin d'argent. Les dates où il a de grands payements à faire doivent donc toujours être présentes à sa mémoire, et il vaut mieux qu'il se procure de l'argent par une autre voie, mais peu chère, que de vendre ses denrées à vil prix. Il tâchera de s'assurer des prix moyens en vendant à peu près une égale quantité de ses produits chaque semaine ou chaque mois pendant tout le temps où il cherchera à connaître et à mettre à profit les circonstances favorables, en lisant de bonnes feuilles agricoles et commerciales, en observant la marche générale des affaires et des saisons, en méditant les communications et les renseignements qu'on lui adresse à dessein ou par hasard, et, quand il verra que le prix courant est arrivé à un taux raisonnable, il vendra ses denrées et réalisera ses bénéfices. Les produits qui sont de longue garde et ne sont pas sujets à de grandes dépréciations, peuvent naturellement devenir plus facilement un objet de spéculation que ceux qui se gâtent vite ou perdent au moins de leur valeur, tels que les plantes à fruits charnus, les animaux gras, les laines, etc. Les denrées qu'on peut acheter ou qu'on peut remplacer par d'autres analogues *à meilleur marché* qu'on ne peut *les produire soi-même,* ne doivent point être cultivées sur la ferme. Les frais de transport, de commission, etc., qu'entraînent les ventes et les achats, et, par-dessus tout, le temps si précieux que le fermier ne perd que trop souvent à courir les marchés et les foires — lui qui doit pour ainsi dire être rivé à sa ferme, — doivent être pris en sérieuse considération, si, dans ses spéculations, il ne veut pas s'exposer à *compter sans son hôte*. Ce qui importe surtout dans cette question, c'est la connaissance pratique des hommes et des affaires, une longue habitude de faire l'évaluation de toutes les opérations et de tous les objets appréciables, même des moindres et des plus infimes en apparence ; un esprit observateur et prêt à profiter de toutes les conjonctures favorables. Que celui qui ne sait pas spéculer comme fermier soit d'autant plus soigneux à calculer tout avec exactitude, à économiser toujours et partout, à éviter le moindre gaspillage, car on se ruine bien plus souvent par négligence ou insouciance de ses affaires que par imprévoyance ou par incapacité. Mais que celui qui réussit dans les affaires commerciales, soit parce qu'il a la main heureuse, soit parce qu'il possède une aptitude particulière, n'oublie pas que *la plus grande prudence* dans des choses qui sont en dehors des appréciations exactes et des calculs, *est plus souvent prise en défaut* que la *droite simplicité*, et que *tout profit*, quelque grand qu'il soit, *coûte trop cher* s'il faut l'acheter *au prix de l'honneur et de l'estime de soi-même.*

CALCUL DU REVENU.

Pour le fermier il s'agit d'évaluer, non le revenu foncier ou fermage qui revient au propriétaire, mais bien le profit des capitaux qu'il engage dans l'exploitation d'une propriété louée, et le revenu ou bénéfice industriel auquel il a droit de prétendre. Sa comptabilité est purement commerciale, aussi fera-t-il bien de tenir son compte général dans la forme usitée dans le commerce, laquelle lui permet non-seulement de constater à chaque instant ses bénéfices ou ses pertes, mais encore quelles sont les branches de son exploitation, les circonstances et les opérations qui les ont produits. Tous les livres auxiliaires qui servent à la rédaction du compte général et qui ne contiennent, par conséquent, que des indications de recettes et de dépenses, soit en argent, soit en autres objets ayant une valeur appréciable, doivent être tenus d'une manière aussi simple et aussi concise que possible, parce qu'alors la tenue de ces livres ne prend que fort peu de temps, et présente l'aperçu le plus clair et le plus court. Il va sans dire que les livres auxiliaires doivent être tenus avec *régularité* et *exactitude*, car le compte général le mieux tenu est absolument sans valeur si les documents dont il a été tiré, si les fondements sur lesquels il repose sont incomplets ou défectueux. Si le fermier ne peut ou ne sait pas tenir lui-même des comptes réguliers, concis, soit parce que le temps lui manque, soit parce qu'il n'a pas l'expérience nécessaire pour faire les calculs indispensables — cette inexpérience est malheureusement plus commune qu'on ne devrait l'attendre d'un temps où l'instruction est si répandue — il devra confier ce soin à un teneur de livres au courant de la comptabilité agricole. Il est vrai qu'en se déchargeant de ce soin, le fermier se prive du principal avantage qu'il doit retirer d'une bonne comptabilité, celui de voir toutes les fautes qu'il a commises dans l'organisation ou dans l'administration de son exploitation, et cela avec une clarté et une pénétration auxquelles il est impossible d'atteindre, si l'on ne fait pas soi-même tous les calculs, toutes les évaluations et toutes les réflexions qui servent de base à ce travail. Ce n'est qu'en épluchant, qu'en étudiant avec attention les moindres détails des comptes faits par une autre personne, que le fermier pourra pénétrer et comprendre les causes réelles de ses bénéfices ou de ses pertes.

Toutes les évaluations qui doivent figurer dans les livres, comme la valeur des objets énumérés dans l'inventaire existant, celle des denrées en magasin, etc., doivent toujours être faites uniquement en argent, et à un taux auquel on peut toujours les vendre, au moins la quantité en magasin. Le compte du ménage du maître doit être tenu séparément et le compte de l'exploitation n'en doit prendre à son débit qu'une somme égale à celle qu'il faudrait payer à un bon régisseur ou à un administrateur.

La disposition des livres auxiliaires préparatoires qui servent à établir le compte général, doit varier d'après le système d'exploitation adopté. Tout agriculteur intelligent saura bien vite déterminer la nature, les dispositions et la réglure de ces livres selon l'organisation et les objets de son exploitation. Mais, comme la réglure, la suscription des colonnes, etc., ne constituent qu'un travail long, fastidieux et tout machinal, le fermier qui peut employer son temps ou celui de ses aides à des occupations plus importantes et plus lucratives, fera bien de se procurer ses livres tout préparés, d'après les modèles qu'il aura fournis.

Dans bien des exploitations, le défaut d'ordre et de clarté dans la disposition des livres, ou le manque de subdivisions dans les comptes généraux, ont été la première cause de l'inscription irrégulière et de la mauvaise tenue des comptes ; au moment de l'inscription, on s'apercevait de ces divers défauts, mais, le temps manquant alors pour les faire disparaître, on inscrivait à l'aventure ou bien l'on n'inscrivait pas du tout. Or, une fois qu'il y a du désordre ou un simple dérangement dans la tenue des livres, ce travail, si simple en lui-même, devient alors très-long, très-difficile, et partant fastidieux et rebutant.

§ 139. Livres en usage ; clôture des comptes.

Registres et livres auxiliaires les plus indispensables au fermier.

1° *L'inventaire.* Il doit être disposé avec méthode. Il contient non-seulement l'énumération de tous les objets et valeurs qui concourent à l'exploitation, mais encore leur description et leur estimation en monnaie courante ; il montre en même temps les objets ou les valeurs qui appartiennent au propriétaire, et ceux qui appartiennent au fermier. Chaque année on procède à la révision de l'inventaire, en indiquant les accroissements et les diminutions, ainsi que les divers changements qui ont eu lieu durant l'année. Sans cet inventaire ou estimation générale et annuelle de tous les objets et valeurs qui servent à la production, l'agriculteur ne peut jamais avoir un aperçu complet de l'état de sa fortune.

2° *Un état estimatif préalable et annuel.* Tout agriculteur fera bien de dresser, au commencement de chaque année agricole, un état estimatif des recettes et des dépenses probables, basé sur les conditions particulières dans lesquelles se trouve l'exploitation. Ce travail a pour but de lui fournir des indications sommaires sur les sommes qu'il aura à payer, et sur les époques où devront se faire les plus fortes dépenses ; ensuite, de porter toujours son attention sur les spéculations et les économies capables d'augmenter ses recettes et de diminuer ses dépenses. Cet état estimatif est surtout important pour régler l'emploi des produits agricoles, surtout les fourrages. Pour que l'estimation approximative des fourrages soit d'une utilité pratique, on ne doit la faire que quand on possède déjà des données générales sur le rendement des récoltes, par exemple, après la récolte des foins et des grains, et après un battage d'essai, qui permet d'évaluer le produit probable en paille et en grains. Par cet état, on saura quelle quantité de bétail on pourra tenir pendant l'hiver ; il exercera aussi une grande influence sur l'achat ou la vente des bêtes desti-

nées à l'engraissement, sur le choix de la méthode de rationnement, et sur la fixation des époques où l'on passera
d'un régime à un autre, sur l'achat ou la vente de fourrages, etc. Dans les années où les fourrages sont très-rares
et très-chers, bien des fermiers, qui ont la louable habitude
de dresser de tels états, évitent ainsi de grandes pertes,
en calculant d'avance comment ils devront employer et
répartir leurs fourrages : M. Guehler, fermier de bien
noble, a publié, en allemand, un écrit intitulé : *Méthode
pour calculer la quantité de fourrage et de litière nécessaire
dans les grandes comme dans les petites exploitations*, qui
renferme des exemples instructifs sur la manière de faire
ces évaluations.

3. Le *livre des travaux,* dont la tenue paraît superflue à
beaucoup d'agronomes, mais à tort. On y inscrit chaque
jour, avec la plus grande concision, les travaux exécutés, en ayant soin d'en débiter immédiatement les comptes
au profit desquels ils ont été faits, puisqu'il faudrait tout
de même faire cette répartition à la fin de l'année, quand
on calcule les revenus pour chaque branche de l'exploitation en particulier. Les jeunes agriculteurs trouveront
dans la tenue régulière de ce registre les meilleurs renseignements sur la répartition convenable et sur le prix
des travaux. A ce journal on peut en ajouter un second,
le registre des journaliers ou de la main-d'œuvre, où l'on
inscrit le nom des ouvriers, la quantité de travail fourni
par chacun d'eux, à la journée, à la tâche ou à forfait, et
le montant de leurs salaires. Ces deux livres peuvent
servir à un contrôle mutuel.

4. Le *livre de caisse* a pour but de consigner les recettes
et les dépenses faites au comptant. A ce livre on peut
joindre le registre *des comptes courants,* qu'on tient sur

deux pages en regard, à la manière du grand livre, en inscrivant d'un côté, au débit, et de l'autre, au crédit, tous les payements que l'exploitation doit faire à ses créanciers ou recevoir de ses débiteurs, ainsi que les libérations partielles ou totales, au fur et à mesure qu'elles ont lieu. A cette catégorie appartient encore le *livre des traitements, gages, salaires* (*livre de paye*) dus aux aides et aux domestiques, de même que tous les livres de recettes et de dépenses établis pour quelques branches ou industries spéciales et tenus par les chefs qui président à ces industries.

5. *Le livre d'entrées et de sorties*. Il sert à inscrire les denrées agricoles de tout genre qui entrent ou sortent, qu'elles soient produites sur la ferme ou importées du dehors. Souvent il commence par un compte ou tableau des moissons et des récoltes, auquel on ajoute le compte du battage et l'évaluation des pailles; viennent ensuite les comptes des grains, des fourrages et des racines en magasin. D'autres tiennent un registre pour chaque espèce de grains, au fur et à mesure qu'on les bat. Le plus souvent une partie de ce livre est consacrée aux animaux et contient leurs espèces, leur nombre, leur accroissement, les animaux achetés, vendus ou perdus par un accident quelconque, l'évaluation de leurs produits : lait, beurre, fromage, etc. Comme registre supplémentaire à ce livre, quelques-uns y tiennent séparément le compte du fumier; le registre généalogique, quand on s'occupe de l'éducation des races perfectionnées; le registre de la laiterie, quand cette partie est trop importante pour être consignée immédiatement dans le livre des produits agricoles; le registre des combustibles, des matériaux de construction; le registre de la pêcherie, celui des

abeilles, etc. Plus l'organisation de l'exploitation et de ses diverses branches est simple, plus l'inscription immédiate dans le journal d'entrées et de sorties sera avantageuse.

Quant aux industries agricoles de quelque importance, il vaut mieux tenir une comptabilité distincte pour chacune d'elles.

Il n'y a pas d'avantage pour le fermier à tenir un livre de la propriété foncière, quoiqu'il doive, le cas échéant, noter tous les changements survenus dans le fonds et pouvant avoir de l'influence sur le taux du fermage.

6. Le *grand livre, appelé aussi livre des comptes courants.* Il doit contenir les résultats généraux, l'extrait exact des autres livres précités; on les y inscrit chaque semaine, chaque mois, ou même seulement chaque année, en les classant par ordre de matières, d'après chaque branche spéciale, que l'on crédite ou que l'on débite selon le cas.

7. Le *bilan ou état de situation* fournit, à la clôture de l'année agricole, le compte général de toutes les opérations. Il fait connaître au fermier le produit général de son exploitation, ainsi que le produit de chaque branche en particulier; il sera toujours préférable de le tenir sur deux pages en regard, puisqu'il débite chaque branche de l'exploitation de toutes les dépenses qu'elle occasionne et qu'il la crédite de tous les produits qu'elle fournit à la vente ou à la consommation : d'où se déduisent les profits et les pertes de chaque branche, lesquels additionnés à leur tour, donnent les bénéfices ou les pertes totales de l'exploitation. Que ce but essentiel du compte définitif ait été atteint par l'une ou l'autre méthode en usage, cela importe peu au fond. La méthode en partie simple peut arriver au même but, si elle est bien appliquée et appuyée

de nombreux comptes accessoires; mais la méthode en partie double, qui présente à chaque article à la fois le créditeur et le débiteur, conduit plus sûrement, plus facilement et plus promptement au but (1). Si donc le fermier est au courant de cette dernière méthode, — ce qui lui sera facile avec de l'ordre et un peu de pratique, — il rédigera son compte de clôture dans cette forme; dans le cas contraire, il fera mieux de s'en tenir à la méthode dont il a l'habitude, afin d'éviter de grosses bévues que la nouveauté de la forme pourrait lui faire commettre. Quoi qu'il en soit, si le fermier n'est pas en état d'évaluer en argent les produits dont la valeur, quoique n'étant pas encore fixée, doit cependant figurer pour établir le revenu net, il n'arrivera à un résultat exact par aucune méthode, ni par celle en partie simple, ni par celle en partie double.

L'époque à laquelle le compte de clôture doit s'arrêter est naturellement déterminée, pour le fermier, par celle de son entrée en jouissance. Il l'entreprendra le plus convenablement dans les mois d'hiver, alors que les travaux pressent le moins. — Après la clôture des divers comptes

(1) Le fermier qui dirige une exploitation très-simple dans son organisation ou qui manque de temps, — parce qu'il est sans aide, ou doit présider à tous les arrangements, généraux ou spéciaux, et surveiller tout à lui seul — peut beaucoup simplifier sa comptabilité, en ne tenant pas de comptes distinçts pour les branches dont l'exploitation supporte les charges générales et entre lesquelles il s'agit seulement de répartir convenablement toutes les dépenses : alors il se contente d'en noter les dépenses et les recettes extraordinaires. Ainsi, on peut se passer de comptes distincts pour les travaux d'attelage, les instruments et les harnais ; de même pour le fumier et la paille, si on les considère comme fournis et consommés à la fois par les champs : seulement le fourrage est alors évalué d'après la valeur utile qu'il a dans la ferme, etc.

spéciaux, il établit la balance générale des comptes, qui lui fait connaître le bénéfice ou la perte de chacun d'eux. On exclut cependant de cette balance tous les comptes qui n'ont pas d'influence sur les bénéfices ou sur les pertes de l'année en question, comme, par exemple, le compte des arrérages, etc. Après avoir balancé tous les comptes, on soustrait de ce résultat général les résultats définitifs du compte de caisse, du compte personnel du fermier et du compte des améliorations, — si tant est que le fermier ait entrepris des améliorations à ses frais, — et on trouve ainsi le produit net.

M. de Pabst donne, dans son *Cours d'exploitation rurale,* un exemple à la fois très-simple et très-clair d'un tel bilan. Cet exemple se rapporte à une ferme qui, outre les champs — soumis à une seule rotation — ne possède que des prairies, et pour tout bétail, des vaches et des moutons ; comme industrie accessoire, une distillerie.

Voici ce bilan :

DOIT.	NOM DES COMPTES.	AVOIR.
FRANCS.		FRANCS.
	Champs	7,568
	Prairies	2,671
1,200 »	Vaches.	
	Bêtes à laine.	1,200
	(Les comptes des branches auxiliaires qui se ba-lancent sont omis ici.)	
	Distillerie	2,362
56 25	Améliorations.	
	Capital engagé	16,825
26,250 »	Fermage.	
1,903 »	Compte particulier du fermier.	
754 »	Caisse.	
30,163 25		30,626

Il faut soustraire du débit, qui est de fr.   30,163 25

  1. Améliorations faites . . . fr.   56 25

  2. Dépenses privées du fermier. 1,903   »

  3. Caisse   754   »

En tout 2,713 25   2,713 25

Reste 27,450   »

Laquelle somme, soustraite du crédit.   .   27,450

donne au fermier un produit net de.   .   3,176

La balance de l'inventaire donne le résumé de l'état de
situation. On y prend en considération, d'un côté, le
capital d'exploitation engagé ; de l'autre, la valeur des
améliorations, si le fermier a droit à une indemnité
de ce chef ; la valeur de l'inventaire, si celui-ci appartient au fermier ; les dépenses faites pour l'année suivante : emblavures, travaux de culture ; les créances,
dont il faut retrancher préalablement les dettes ; et enfin,
l'argent en caisse.

S'il s'agit de calculer, non le produit net réalisé dans une ferme louée, mais celui qu'on pourrait éventuellement réaliser dans une ferme à louer, une simple comparaison des recettes avec les dépenses probables mènera au but ; il faut naturellement retrancher préalablement de la totalité des produits ceux qui seraient nécessaires pour la direction de l'exploitation. Le fermage n'entre pas en ligne de compte ici, puisque le résultat de l'opération doit indiquer seulement le taux du fermage qu'on pourra accorder.

Une bonne comptabilité et une exacte évaluation des produits, voilà le plus sûr moyen d'éclairer le fermier sur l'état de sa fortune, de lui montrer ses erreurs sans ménagement, et, avant tout, de le détourner d'entreprises qui pourraient mettre sa fortune en péril. Quiconque veut sérieusement augmenter sa fortune ne doit pas refuser les avis d'un guide et d'un conseiller aussi sûr que véridique et fidèle. Voilà pourquoi de nos jours tout fermier capable et intelligent, est en même temps un bon comptable.

Mais quelque justes que soient ses calculs, quelque exactes que soient ses évaluations, quelque bien méditées et combinées que soient ses opérations, le fermier ne devra jamais oublier que le succès de ses efforts ne dépend pas uniquement de ses combinaisons et de ses opérations. Pour les choses qui sont au-dessus des évaluations et des prévisions humaines, il s'en remet avec confiance — après avoir consciencieusement rempli sa tâche — à Celui qui est inscrutable et impénétrable de sa nature, et répète toujours, à la fin comme au commencement de sa journée : *Tout dépend, en définitive, de la bénédiction de Dieu.*

Mesures de longueur (1).

Valeur en
mètres.

Angleterre. . . . 1 pied (foot) $=$ 12 pouces $=$ 120 lignes $= \frac{1}{3}$ yard $= \frac{1}{6}$ fa-
thom $= \frac{2}{33}$ perche (pole, rod) $= \frac{1}{660}$ furlong $= \frac{1}{5280}$ mile. 0,30479449

Autriche. . . . 1 pied $= \frac{1}{6}$ de toise (klafter) $=$ 12 pouces $=$ 144 lignes $=$
1728 points $= \frac{1}{2400}$ de mille $=$ 0^m,31611. (Dans l'arpentage
1 klafter $=$ 10 pieds $=$ 100 pouces $=$ 1000 lignes.) $=$ 1^m,897.

Bade et Bavière rhénane. . . . 1 pied $= \frac{1}{3}$ de mètre $= \frac{1}{10}$ de perche $=$ 10 pouces $=$
100 lignes $=$ 1000 points $= \frac{1}{2}$ aune $= \frac{1}{6}$ klafter. 0,333

Bavière . . . 1 pied $= \frac{1}{10}$ perche $=$ 10 pouces $=$ 144 lignes (arpentage :
1 pied $=$ 10 pouces $=$ 100 lignes) . . . . 0,2918....

Danemark . . . 1 pied $= \frac{1}{10}$ perche $=$ 12 pouces $=$ 144 lignes $= \frac{1}{2}$ aune $=$
1 pied de Prusse (2400 perches $=$ 1 mille) 0,31385

Espagne . . . . 1 pied $= \frac{1}{2}$ stade $= \frac{1}{5}$ de pas $= \frac{1}{3}$ vara $= \frac{3}{4}$ palme $=$ 12
pouces $=$ 16 doigts $=$ 144 lignes $=$ 1728 points . . . 0,2826

Hanovre . . . . Comme pour la Bavière, excepté que 1 pied $= \frac{1}{16}$ de perche.

Hollande. . . . Système métrique depuis 1836. 1 mijl $=$ 1 kilom ; 1 roede
$=$ 10 mètres ; 1 el $=$ 1 mètre ; 1 palm $=$ 0^m,1 ; 1 duim $=$
0^m,01 ; 1 streep $=$ 0^m,001 ou 1 millimètre.

(1) Le système métrique est adopté aujourd'hui en France, en Belgique, en Hollande, en Espagne, en Piémont, en Grèce, etc.
Nous ferons remarquer que l'édition allemande ne présentait que la réduction des
mesures des divers États de l'Allemagne aux mesures de la Prusse. Notre travail, au
contraire, contient la réduction au système métrique de toutes les mesures des diverses contrées de l'Europe. Ce travail est inédit.

23

Mètres

Naples . . . . 1 palme = 10 decime = 100 centesime = $\frac{1}{10}$ canne. (Avant 1840 1 palme = 12 onces = 60 minutes . . . . 0,264...

Portugal. . . . 1 palme = 8 pollegadas = 96 linhas = 1152 pontos = $\frac{1}{5}$ vara = $\frac{1}{3}$ covada = $\frac{1}{10}$ brasse. 0,2126

Prusse. . . . . 1 pied du Rhin = $\frac{1}{12}$ perche = $\frac{1}{6}$ brasse (lachter) = 12 pouces = 144 lignes = 1728 points (arpentage : 1 perche = 10 P = 100 p = 1000 lignes) . . . . 0,3138...

Rome. . . . . . 1 aune (canna) = 8 palmes = 1m,9926. La canne de l'ingénieur = 10 palmes = 120 onces = 60 minutes. . . . 2,2319

Russie . . . . . 1 pied = 1 pied anglais = $\frac{1}{7}$ sagène = $\frac{7}{3}$ archine = $6\frac{7}{6}$ verschok = 12 pouces = 144 lignes (1 mille = 10 verstes = 5000 sagènes) . . . . 0,3047...

Suède . . . . . 1 pied = $\frac{1}{6}$ perche (famn) = $\frac{1}{2}$ aune (alnar) = 12 pouces (verkum) = 144 lignes (1 pied aussi divisé en $\frac{1}{10}, \frac{1}{100}$ etc.). . . . . 0,2969...

Suisse, Nassau. 1 pied = $\frac{3}{10}$ de mètre = 10 pouces = 100 lignes = 1000 points ou traits 0,30

Turquie . . . . 1 grand pick = $\frac{3}{4}$ yard = 0m,683 ; 1 petit pick = 17 pouces anglais = ... 0,653

Varsovie. . . . 1 pied = $\frac{1}{6}$ klafter = $\frac{1}{2}$ aune = 12 pouces = 144 lignes . 0,288

Wurtemberg. . 1 pied = $\frac{1}{10}$ perche = 10 pouces = 100 lignes. (Ancienne mesure, comme en Hanovre.) . . . . 0,286...

Mesures de surface.

Angleterre. . . Pied carré $= \dfrac{1}{9}$ yard car. $= \dfrac{1}{272\frac{1}{4}}$ perche car. $= \dfrac{1}{43560}$ acre à 4 roods car. $= \dfrac{1}{27878400}$ mille car. . . . . 0,09289968 *Mètres carrés.*

Autriche. . . . Pied carré (de l'ingénieur) $= \dfrac{1}{100}$ klafter car. $= 100$ pouces car. $= 10000$ lignes car. 1 joch $= 1600$ klafter car. $= .$ 5755,43

Bade et Bavière rhénane. . . Pied carré $= \dfrac{1}{40000}$ morgen $= \dfrac{1}{100}$ perche car. $= 100$ pouces car. . . . . $\dfrac{1}{9}$

Bavière . . . . Pied carré $= \dfrac{1}{36}$ klafter car. $= 100$ perches car. $= \dfrac{1}{40000}$ tagewerck (journal). 1 juchart $= .$ . . . . 34,0727 *ares.*

Danemark . . . Pied carré $= \dfrac{1}{100}$ perche car. $= \dfrac{1}{4}$ d'aune car. $= 144$ pouces carrés. 1 tonne (toende) à 14,000 aunes carrées ou 560 perches carrées $= .$ . . . . 55,1263 *ares.*

Espagne . . . . Estadal carré $= 16$ varas car. $= \dfrac{1}{576}$ fanega $= $ 64,3

Hanovre . . . . Pied carré $= \dfrac{1}{256}$ perche carrée. 1 morgen $= 2$ vorling $= \dfrac{4}{3}$ drohn $= 120$ perches car. $= .$ . . . . 26,21 ares ou 2621 m. car.

Hollande. . . . Aune carrée $= 1$ mètre carré. 1 bunder $= 100$ roeden car. $= 10000$ aunes carrées $= 1$ hectare.

Naples. . . . . 1 moggio $= 100$ cannes car. $= $ environ 7 ares.

Portugal. . . . 1 geira $= 4840$ varas $= $ . . . . 582,8 *mètres carrés.*

Prusse . . . . . 1 perche car. $= 144$ pieds car. $= 20736$ pouces car. $= 2985984$ lignes car. 1 morgen $= 180$ perches car. $= $ 25,53 *ares.*

Rome . . . . . 1 pozza $= \dfrac{1}{7}$ rubbio $= \dfrac{4}{7}$ quarte $= \dfrac{16}{7}$ scorzi $= \dfrac{32}{7}$ quartucci $= \dfrac{112}{7}$ catene car. 26,406

Russie . . . . 1 dessiaetine = 2400 sagènes car. . . . . 109,25 ares.

Suède. . . . . 1 ref. carré = 100 perches carrées = 100 pieds carrés à 100 pouces carrés = ... 29,69 mètres carrés

Suisse . . . . . Pied carré = 100 pouces car. $= \dfrac{1}{36}$ klafter car. $= \dfrac{1}{100}$ perche car. $= \dfrac{1}{4000}$ juchart (arpent) $= \dfrac{1}{36000000}$ lieue car. = 0,09

Varsovie. . . . 1 wloka = 30 morgow à 3 szurs car.

Wurtemberg . 1 morgen = 384 perches car. = ... 31,517 ares.

Mesures de capacité.

———

<table>
<tr><td></td><td></td><td style="text-align:right">Litres.</td></tr>
</table>

Angleterre. . .
$\Big\{$ Matières sèches : 1 imp gallon $= \dfrac{1}{256}$ chaldron $= \dfrac{1}{64}$ quarter $=$

$\dfrac{1}{32}$ coom $= \dfrac{1}{8}$ bushel $= \dfrac{1}{2}$ peck $= 2$ pottles $= 4$ quarts

$= 8$ pints $= 32$ gills $= $ 4,54

Liquides : 1 gallon $= \dfrac{1}{252}$ tun $= \dfrac{1}{126}$ pipe $= \dfrac{1}{63}$ hogshead

$= \dfrac{2}{63}$ barrel $= \dfrac{1}{18}$ rundlet $= \dfrac{1}{10}$ anker $= 277,274$

pouces cubes. 4,54345

Autriche. . . .
$\Big\{$ Matières sèches : 1 metzen $= \dfrac{1}{30}$ mulh $= 16$ maaszel $=$

64 futtermaaszel $= 128$ becher $=$ 64,499

Liquides : 1 eimer $= 40$ maas $= 160$ seidel $= 350$ pfiff $=$ 56,60

Bade . . . . . . 1 malter $= \dfrac{1}{10}$ zuber $= 10$ setiers $= 100$ maeslein $= 1000$

bechers (verres). 150,00

Bavière . . . . 1 scheffel $= 6$ metzen $= 12$ viertel $= 48$ maaszel $= 192$

dreissiger $=$ 222,357

Hanovre . . . .
$\Big\{$ Matières sèches : 1 himten $= \dfrac{1}{96}$ last $= \dfrac{1}{6}$ malter $= \dfrac{1}{4}$ met-

zen $= 16$ seizièmes 31,152

Liquides : 1 stubchen $= \dfrac{1}{8}$ himten $= \dfrac{1}{40}$ ohm $= \dfrac{1}{10}$ ancre

2 kannen $= 4$ viertel $= 8$ roessel 3,894

Espagne . . . 1 fanega $= \dfrac{1}{12}$ kahiz $= 12$ celemines $= 144$ quartillos $=$

54,8 litres. (1 cantaro $= 8$ azumbres $= 64$ quarts $=$. 16,137

Danemark . . .
$\Big\{$ Grains : 1 tonne $= 8$ scheffel $= 32$ quarts $= 64$ huitièmes

$= 128$ seizièmes $=$ 139,4213

Liquides : 1 ohm $= \dfrac{1}{6}$ foudre $= 24$ ancres 149,749

23.

Litres.

Hollande . . .
Grains : 1 mudde (hectolitre) = 10 schepel = 100 koppen = 1000 maatjes = $\frac{1}{30}$ last = ... 100,000

Liquides : 1 vat (hectolitre) = 100 kannen = 1000 maatjes = 10000 vingerhoeds = ... 100,000

Naples . . . . .
1 Tomolo ou botta = $\frac{1}{12}$ barile = $\frac{1}{12}$ carro = mezzette = 4 quarte = 24 mesures = 96 quartaroles = ... 55,545

Portugal . . . .
Matières sèches : 1 fanega = $\frac{1}{15}$ moyo = 4 alqueires = 16 quartos = 32 ontavas = 128 selumis = ... 55,365

Liquides : 1 almuda = $\frac{1}{52}$ tonelado = $\frac{1}{26}$ pipa (bota) = 2 alqueires (potes) = 12 canadas = 48 quartillos 16,74

Prusse . . . . .
Grains : 1 scheffel = 16 metzen = 48 quarts = . . . 54,96

1 pied cube = $\frac{1}{108}$ corde = $\frac{9}{16}$ scheffel = $\frac{9}{64}$ tonne = 27 quarts.

Liquides : 1 eimer = $\frac{1}{2}$ ohm = $\frac{1}{3}$ oxhoft = 2 anker = 60 quarts 68,7019

Rome . . . . .
1 rubbio = 4 quarti = 22 scorzi = 88 quartucci = . . 294,46

1 barile = $\frac{1}{16}$ botta = 32 boccali = 128 fogliette 58,342

Russie . . . . .
Grains : tschetwert = 2 osmin = 4 pajok = 8 tschetwerik = 32 tschetwerka = 64 garnez = ... 26,22

Liquides : 1 pipe = 2 oxfoll = 3 ohm — 12 anker = 24 slekan = 36 vedro = $\frac{36}{40}$ de tonneau = ... 442,76

Suède . . . .
Grains : 1 tonne = 2 spann = 8 quarts = 32 kappars = 56 kannes = 112 stop = 448 quartors — 1 kanne = . . 2,62

Liquides : 1 foudre = 2 pipes = 4 oxhoft = 6 ohm = 12 eimer = 24 anker = 360 kanne = 720 stop = 2880 viertel

1 pied cube = 10 cannes = 100 pouces cub. = 1,000 lig.cub.

Suisse . . . . .
Grains : 1 quarter = 10 immi = $\frac{1}{10}$ malter = ... 15,00

Liquides : 1 pot = $\frac{1}{100}$ ohm = ... 1,50

Turquie . . . .
Grains : = 1 killow = $\frac{1}{4}$ fortin = ... 35,11

Liquides ; 1 almud = ... 5,237

Litres.

Warsovie. . . . 1 kwart ($=$ 1 litre) $= \frac{1}{128}$ korzec $= \frac{1}{32}$ cwierci $= \frac{1}{4}$ gar-

cy $= 4$ kwatereck $= \frac{1}{1840}$ last. 1 tonneau $= 100$ kwert. $=$ 100,00

Wurtemberg. . { Grains : 1 simri $= \frac{1}{8}$ scheffel $= 4$ vierling $= 16$ masslein

32 ecklein $= 128$ viertelein $=$ 22,153

Liquides : 1 eimer $= \frac{1}{6}$ foudre $= 16$ imi $= 160$ mass $= 640$

chopines 240,00

Mesures de poids.

Grammes.

Angleterre . .
$\Big\{$ 1 livre Troy $= \dfrac{7000}{5760}$ livres avoir du poids $= 12$ ounces $=$ 240 pennyweights $= 1818$ carats $= 5760$ Troy grains $=$. **373,246**

1 livre avoir du poids $= \dfrac{1}{2240}$ ton $= \dfrac{1}{112}$ hundreds $= \dfrac{1}{28}$ quarter $= 16$ ounces $= 256$ drams $= 7000$ grains (Troy)$=$ **453,59**

Autriche. . . . 1 livre $= \dfrac{1}{100}$ quintal $= 16$ onces $= 32$ loth $= 128$ quintel 512 pfennig $=$ **560,012**

Bade. . . . . . 1 livre $= 10$ zehnling $= 100$ centass $= 1000$ dekass $=$ 10000 ass $=$ **500,00**

Bavière. . . . . 1 livre $= \dfrac{1}{100}$ quintal. $= \dfrac{1}{20}$ stein $= 32$ loth $= 128$ quentchen $=$ **560,00**

Hanovre . . . . 1 livre $= \dfrac{1}{100}$ quintal. (Le reste comme en Prusse.)

Espagne . . . . 1 livre de Castille $= \dfrac{1}{150}$ quintal macho $= \dfrac{1}{100}$ quintal $=$ $\dfrac{1}{25}$ arroba $= 2$ marcs $= 16$ onces $= 128$ ochovas $= 256$ adarmas $= 568$ tammas $= 9216$ grains $=$ **460,3**

Danemark . . . 1 livre $= \dfrac{1}{100}$ quintal $= 16$ onces $= 32$ loth $= 128$ quentchen $= 512$ ort $= 8912$ es $= \dfrac{1}{5200}$ last $=$ **500,00**

Hollande. . . . 1 pond ($= 1$ kilogr.) $= 10$ onces $= 100$ looden $= 1000$ wigtjes $= 10000$ korrels $=$ **1000,00**

Naples. . . . . $\Big\{$ 1 libbra $= \dfrac{36}{100}$ rottolo $= 12$ onces $=$ **320,759**

100 rottoli $= 1$ cantaro grosso $= 89$ kilog.

Portugal. . . . 1 livre $= \dfrac{1}{108}$ quintal $= \dfrac{1}{32}$ arrobas $= 2$ marcas $= 16$ onces $= 128$ drachmes $= 9216$ grains $=$ **459,1002**

Grammes.

sse . . . . . 1 livre $= \dfrac{1}{110}$ quintal $=$ 32 loth $=$ 128 quentchen $= \dfrac{1}{4000}$

last $= \dfrac{1}{66}$ du poids d'un pied cube d'eau distillée $=$.   467,711

me . . . . . 1 libra $=$ 12 once $=$ 288 denarii $=$ 6912 grani $=$ . . . 339,156

ssie . . . . . 1 livre $= \dfrac{1}{40}$ pud $=$ 32 loth $=$ 96 solotnick $=$ 9216 doli $=$ 409.517

ède . . . . . 1 skalpund $= \dfrac{1}{170}$ quintal $=$ 32 loth $=$ 128 quentchen $=$ 425,34

sse . . . . . 1 livre $= \dfrac{1}{2}$ kilogr. $=$ 10 dixièmes $=$ 100 centièmes $=$ aussi

16 onces $=$ 32 loth $= \dfrac{1}{100}$ quintal.   . . . .

rquie . . . . 1 oka $=$ 4 cheky $=$ 400 drachmes $= \dfrac{1}{6}$ batman 1278,50

rsovie . . . 1 livre (funt) $=$ 16 uncyi $=$ 32 lutow $=$ 128 drachma $=$

$\dfrac{1}{100}$ quintal $=$ 405.504

urtemberg. . 1 livre $= \dfrac{1}{104}$ quintal $=$ 32 loth $=$ 128 quentchen $=$ . . 467,728

llverein . . . (Union douanière de l'Allemagne); 1 livre douanière $=$
500 grammes; 1 quintal $=$ 50 kilogr.

Monnaies.

—

		Francs
Angleterre. . . .	1 livre sterling (£) = 20 shillings (s.) = 240 pence (d.) = 960 farthings (q.) = 40 sixpence = 60 fourpence = 480 halfpence = ...	25,15
Autriche.	1 florin = 100 neukreuzers = ...	2,50
Allemagne méridionale . . .	1 florin = 60 kreuzers = 240 pfennig (pièces de 3 $\frac{1}{2}$, 2 et 1 fl., de 6 et 3 kr.; cuivre : 1, $\frac{1}{2}$ et $\frac{1}{4}$ kr.) = ...	2,14
Danemark . . .	1 rixdaler = 6 marcs = 96 schillings = $\frac{1}{2}$ species (Mon. effect. 1 spec. $\frac{1}{2}$ spec.; 32, 16, 8, 4, 3, 2 sh.; cuivre 1, $\frac{1}{2}$ sch.)	2,83
Espagne	1 piastre = 20 réaux (Mon. effect. Isabelinos ou 100 reales; 20, 4, 2 reales.) = ...	5,32
Hanovre	Saxe, Brunswick, Gotha. 1 thaler = 30 gros = 300 pfennigs = ...	3,75
Hollande.	1 florin = 100 cents = (Mon. eff. 1 fl., $\frac{1}{2}$, $\frac{1}{4}$ ou 25 cents; 10 et 5 cents) = ...	2,15
Naples	1 ducat = 10 carlins = 100 grani = ...	4,25
Sicile	1 oncia = 30 tari à 20 grani = ...	12,85
Portugal.	1 milreïs = 1000 reïs (Pièces de 1000, 500, 200 et 100 reïs)	5,55
Prusse et autres pays de l'Allem.	1 thaler = 30 silbergros = 360 pfennig (2, 1, $\frac{1}{2}$, $\frac{1}{3}$, $\frac{1}{4}$, $\frac{1}{6}$ et $\frac{1}{12}$ thaler, 1, 2, 3, 4 pf.) = ...	3,75
Rome	1 scudo = 10 paoli = 100 bajocchi	5,52
Russie	1 rouble = 100 copeck = ...	4,00
Suède	1 rixdaler = 100 vers = ...	1,44
Turquie	1 piastre = 40 para = ...	0,25
États-Unis. . .	1 dollar = 100 cents = ...	5,16
Mexique, Pérou, Chili.	1 piastre = 8 réaux à 4 cuartos = ...	5,44

FIN.

TABLE DES MATIÈRES

Direction de l'exploitation.

DICTIONNAIRE

D'AGRICULTURE PRATIQUE

COMPRENANT

tout ce qui se rattache à la grande culture, au jardinage
à la culture des arbres et des fleurs, à la médecine humaine et vétérinaire,
à la botanique, à l'entomologie, à la géologie,
à la chimie et à la mécanique agricoles, à l'économie rurale, etc.,

PAR P. JOIGNEAUX,
cultivateur,

ET CH. MOREAU,
Docteur en médecine.

Deux forts volumes grand in-8º à deux colonnes, avec gravures.

Prix : 20 francs.

Des livres spéciaux ont été publiés sur la plupart des matières agricoles, mais, fussent-ils parfaits à leur point de vue, ces livres ont un grand inconvénient pour le cultivateur. En effet, on ne s'occupe pas uniquement de grande culture dans une maison d'exploitation bien conduite ; on s'y occupe d'élève du bétail, d'engraissement, de jardinage, d'arbres fruitiers, d'oiseaux de basse-cour ; on y élève des abeilles souvent, des vers à soie quelquefois ; on y donne même des soins aux plantes d'agrément. Or, il est évident que, pour s'éclairer sur tout cela, on peut recourir à chacun des ouvrages traitant séparément de ces diverses matières ; mais, avant de mettre la main sur la page dont on a besoin dans un moment donné, il faudra ou feuilleter des volumes, ou parcourir de l'œil des tables de matières qui ne finissent point. Voilà l'inconvénient. A la campagne, plus peut-être qu'à la ville, le temps est précieux, et l'on ne consent guère à chercher qu'à la condition de trouver vite. C'est précisément cette considération qui a suggéré l'idée de simplifier le travail des recherches en plaçant sous le même couvert, dans un même ouvrage, et par ordre alphabétique, ce qui peut intéresser le cultivateur.